Jörg Siegert
Typenkompass
Artilleriesysteme der NVA
1949–1990

Jörg Siegert

Artilleriesysteme der NVA

1949–1990

Einbandgestaltung: Sven Rauert

Fotos: Jürgen Plate, Ralf Kunkel, Erhard Gerecke, Jörg Siegert

Bildnachweis: Jürgen Plate, Erhard Gerecke, Lutz Gau, Benno Knorr, Ralf Kunkel, Klaus Piotrowski, Helmut Hanske, Martin Smisek, Manfred Pahlkötter, Thomas Weißflog, Robby Hager, Wolfgang Fleischer, Sammlung Jörg Siegert, Militärhistorisches Museum der Bundeswehr Dresden

Eine Haftung des Autors oder des Verlages und seiner Beauftragten für Personen-, Sach- und Vermögensschäden ist ausgeschlossen.

ISBN 978-3-613-03289-7

Copyright © 2011 by Motorbuch Verlag, Postfach 10 37 43, 70032 Stuttgart. Ein Unternehmen der Paul Pietsch Verlage GmbH & Co.

1. Auflage 2011

Sie finden uns im Internet unter www.motorbuch-verlag.de

Lektor: Joachim Köster
Innengestaltung: Anita Ament, Leonberg
Druck und Bindung: Appel & Klinger, 96277 Schneckenlohe
Printed in Germany

Inhalt

Dank

Mein Dank gilt den Herren Jürgen Plate, Erhard Gerecke, Lutz Gau, Benno Knorr, Ralf Kunkel, Klaus Piotrowski, Helmut Hanske, Martin Smisek, Manfred Pahlkötter, Thomas Weißflog und Wolfgang Fleischer, die durch ihr Bildmaterial am Gelingen des Buches erheblichen Anteil hatten. Ein Dankeschön an Bernd Kieker vom »Technikmuseum-Kummersdorf« und Manfred Müller vom »Garnisionsgeschichte St. Barbara Jüterbog e.V.« mit Sitz in Altes Lager für die Erlaubnis, Ausstellungsstücke für dieses Buch zu fotografieren. Vielen Dank Herrn Ralf Sommer für seine fachliche Unterstützung. Wenn sich der Kompass leicht und gut verständlich lesen lässt, ist es in erster Linie meiner Ehefrau Doris zu verdanken, die mit Rücksichtnahme, mit bewundernswerter Ausdauer und nicht nachlassender Hartnäckigkeit mehr als einmal Korrektur las.

Der Typenkompass »Die Artilleriesysteme der NVA« versteht sich als Weiterführung der beiden Typenkompasse »Panzer der NVA« und »Panzer der NVA – Radfahrzeuge«. Bei der ersten Materialstudie wurde schnell klar, das zusätzlich zur Aufzählung der Artilleriesysteme die Möglichkeit bestand, die Waffengattung »Artillerie« in ihrer Komplexität zu präsentieren. Ohne Aufklärungs-, Führungs-, Instandsetzungs- oder Versorgungssysteme hätte nie ein treffsicherer Schuss fallen können.

Die Geschichte der Artillerie der DDR begann bereits 1949. Neben sowjetischen Geschützen gehörten folgende sogenannte schwere deutsche Trophäengeräte zur Erstausstattung der HVA:

- 7,5-cm Pak 40
- 8,8-cm Pak 41/43
- 10,5-cm leichte Feldhaubitze 18
- 10,5-cm leichte Feldhaubitze 18/40
- 10,5-cm leichte Feldhaubitze 18/M
- 10,5-cm schwere Kanone 18
- 15-cm schwere Feldhaubitze 18
- 15-cm schweres Infanteriegeschütz 33

Diese Trophäengeräte waren nicht einsatzbereit und nur für Lehr- und Ausbildungszwecke bestimmt. Es fehlten Zubehör und Ersatzteile, für Übungszwecke war keine Munition vorhanden. Mit Gründung der KVP 1952 waren alle deutschen Geschütze aus den militärischen Einheiten verschwunden. Auf ihre Beschreibung wird hier nicht näher eingegangen, da sie in anderen Publikationen hinreichend dargestellt sind.

Dieser Typenkompass gibt einen Überblick über die in der NVA verwendeten artilleristischen Waffen und Geräte. Allerdings musste auf die Beschreibung von Kleingeräten wie Entfernungs-Messscheren, optischen Entfernungsmessern, Richtkreise oder Rechengeräte wie Rechenstab, Tabellen, Rechengerät 44, Streckenzugtafel oder Feuerleitgeräte verzichtet werden. Die Gliederung der einzelnen Artilleriesysteme richtet sich nach ihren Gefechtseigenschaften. Innerhalb der einzelnen Kategorien erfolgt die Aufzählung nach der Größe des Kalibers, mit dem Kleinsten beginnend. Um ein buntes Spektrum an Informationen zu bieten, stand die technische Beschreibung, der geschichtliche Aspekt oder die Nutzung im Vordergrund.

In den beiden vorangegangenen Typenkompassen wurde bereits ein Teil von Fahrzeugen wie SFL, Panzer oder Führungsfahrzeuge vorgestellt. Da sie bei der Darstellung der Artilleriesysteme nicht fehlen durften, wurde bei ihnen nur auf den speziell »artilleristischen« Teil hingewiesen. Tabellen blieben dabei außen vor. Ein »*« kennzeichnet diese Fahrzeuge.

Die Bezeichnung und Schreibweise einzelner Artilleriesysteme oder Stationen veränderte sich im Laufe der Jahre. Hier musste ich zum besseren Verständnis eine einheitliche Begrifflichkeit finden. Der geneigte Leser möge dies bitte akzeptieren.

Leider war es nicht möglich, alle artilleristischen Begriffe zu erklären. Für die geschichtlichen und strukturellen Hintergründe fand ich Hilfe in der Bibliothek des Militärgeschichtlichen Forschungsamtes der Bundeswehr in Potsdam. In der Materialstudie »Die Entwicklung der Truppenluftabwehr der NVA 1956 bis 1974« von OSL Lange und in der Diplomarbeit »Zur Entwicklung der Raketentruppen und Artillerie in den Landstreitkräften der NVA in der 1. Hälfte der 70er Jahre« von OSL Sahlender fand ich die gesuchten Informationen.

Zum besseren Verständnis des Textes ist dem Typenkompass ein Abkürzungsverzeichnis voran gestellt.

Abkürzungsverzeichnis

AA	Artillerieabteilung
AR	Artillerieregiment
BG	Betongranate
Bg	Brandgeschoss
BO	Batterieoffizier
EWZ	Ersatzteile, Werkzeug, Zubehör
Flak	Fliegerabwehrkanone
Fla-MG	Fliegerabwehr-Maschinengewehr
Fla-SFL	Fliegerabwehr-Selbstfahrlafette
FLG	Fallschirmleuchtgeschoss
FM-HF	Funkmess-Höhenfinder
FR	Flakregiment
FRR	Fla-Raketenregiment
ft	feet (Fuß)
FuGS	Funkgerätesatz
FuTK	Funktechnische Kompanie
GeW	Geschosswerfer
GeWA	Geschosswerferabteilung
GRS	Geschützrichtstation
GT	Grenztruppen
GW	Granatwerfer
H	Haubitze
HL	Hohlladungsgranate
HL-SplG	Hohlladungs-Splittergranate
HL-WG	Hohlladungs-Wurfgranate
HVA	Hauptverwaltung für Ausbildung
ID	Infanteriedivision
K	Kanone
KH	Kanonen-Haubitze
KS	Kampfsatz
KVP	Kasernierte Volkspolizei
LaSK	Landstreitkräfte
LS	Leuchtspur
LSK/LV	Luftstreitkräfte/Luftverteidigung

Abkürzungsverzeichnis

LSR	Luftsturmregiment
MB	Militärbezirk
MD	mechanisierte Division
MdI	Ministerium des Inneren
MfNV	Ministerium für Nationale Verteidigung
MG	Maschinengewehr
MSB	mot. Schützenbataillon
MSD	mot. Schützendivision
MSR	mot. Schützenregiment
MWTR	Militär-Wissenschaftlich-Technischer Rat
OSL	Oberstleutnant
Pak	Panzerabwehrkanone
PD	Panzerdivision
PG	Panzergranate
Pzbg	Panzerbrandgeschoss
PzbG	Panzerbrandgranate
PzBü	Panzerbüchse
RBS	Rundblickstation
RTA	Raketentruppen und Artillerie
SFL	Selbstfahrlafette
sMG	schweres Maschinengewehr
SplG	Splittergranate
Spl-SprBrG	Splitter-Sprengbrandgranate
Spl-SprG	Splitter-Sprenggranate
Spl-Spr-Gs	Splitter-Sprenggeschoss
Spl-Spr-WG	Splitter-Spreng-Wurfgranate
Spl-WG	Splitter-Wurfgranate
Spr-Gs	Sprenggeschoss
TLA	Truppenluftabwehr
UK	Unterkalibergranate
VP	Volkspolizei
Zg	Zugmitte

45-mm Pak Modell 42

Zu den ersten Geschützen der KVP zählte die 45-mm Pak Modell 42. Das Geschütz wurde 1956 von der NVA übernommen und von 1958 bis 1960 sukzessiv an das MdI übergeben. Besonderes Merkmal war die für eine Pak typisch niedrige Bauweise. Der Schutzschild war an den Seiten abgewinkelt. Er konnte im oberen Teil nach vorn geklappt werden. Die Elemente der Rohrrücklaufeinrichtung waren unter dem Rohr angeordnet. Das Rohr hatte keine Mündungsbremse. Die 45-mm Pak M-42 konnte mit dem Aufsatz PP 1-2, PP 1-3 oder PP 9-3 ausgestattet werden. Verschossen wurden Splitter-Spreng-, Panzer- und Unterkalibergranaten. Die Unterkalibergranate hatte eine Anfangsgeschwindigkeit von 1070 m/s, sie durchschlug bei einem Auftreffwinkel von 90 Grad und einer Entfernung von 100 m rund 111 mm Panzerstahl. Bei der Bestandsaufnahme im Juni 1960 befanden sich in den schweren Hundertschaften der Kampfgruppen 243 Geschütze, was einem Ausrüstungsstand von 100 % entsprach.

Typ	Pak
Einführungszeitraum	1952
Einsatzebene	Bataillon
Kaliber (mm)	45
Rohrlänge (mm)	3087
Entfernung des direkten Schusses (m)	1000
Maximale Schussentfernung (m)	4400
Anfangsgeschwindigkeit UK (m/s)	1070
Feuergeschwindigkeit (Schuss/min)	25–30
Erhöhungswinkel max. (Grad)	25
Neigungswinkel max. (Grad)	8
Seitenschwenkbereich (Grad)	60
Richtaufsatz	PP1-3 oder PP9-3
Länge in Marschlage (mm)	4885
Breite in Marschlage (mm)	1400
Breite in Gefechtsstellung (mm)	1634
Höhe bis Oberkante Schild (mm)	1200
Spurweite (mm)	1400
Bodenfreiheit (mm)	225
Masse Gefechtslage (kg)	625
Masse Marschlage (kg)	1250
Granatarten	PG, SplG, UK
Index der Granaten	240
Bedienung	4–6

Die 45-mm Pak Modell 42, auffallend das lange Rohr.

57-mm Pak SIS-2 Modell 43

Die KVP erhielt einmalig eine Lieferung der 57-mm Pak SIS-2 Modell 43 im Oktober 1952. Dazu wurden vier Lehrwaffen empfangen. In der Perspektivplanung für Bewaffnung und Ausrüstung der NVA von 1958 bis 1960 fand das Geschütz keine weitere Erwähnung. Es blieb aber bis 1964 im Bestand der Panzerabwehrzüge und wurde später schrittweise ausgemustert. Besondere Merkmale waren die zwei großen Tellerräder. Die Elemente der Rohrrücklaufeinrichtung, Rohrbremse und Rohrvorholer, waren über und unter dem Rohr angeordnet. Der Schutzschild war gerade mit Aussparungen für die Räder. Das Rohr besaß keine Mündungsbremse. Verschossen wurden Splitter-Spreng-, Panzer- und Unterkalibergranaten. In den Schusstafeln waren sogar Werte für Schrapnellgeschosse enthalten. Die Pak zeichnete sich besonders durch ihr beträchtliches Durchschlagsvermögen, kleine Abmessungen und geringe Masse sowie durch eine hohe Feuergeschwindigkeit aus.

Typ	Pak
Einführungszeitraum	1952
Einsatzebene	Bataillon
Kaliber (mm)	57
Rohrlänge (mm)	4159
Entfernung des direkten Schusses (m)	1250
Maximale Schussentfernung (m)	8400
Anfangsgeschwindigkeit UK (m/s)	1270
Feuergeschwindigkeit (Schuss/min)	15–25
Marschgeschwindigkeit (km/h)	45
Erhöhungswinkel max. (Grad)	25
Neigungswinkel max. (Grad)	5
Seitenschwenkbereich (Grad)	54
Richtaufsatz	PP1-2
Zielfernrohr	OP2-55 od. OP4-55
Nachtbeleuchtungssatz	Lutsch-I
Länge in Marschlage (mm)	875
Breite (mm)	1697
Höhe bis Oberkante Schild (mm)	1375
Spurweite (mm)	845
Bodenfreiheit (mm)	340
Masse Gefechtslage (kg)	1250
Masse Marschlage (kg)	1780
Kampfsatz	120
Granatarten	PG, SplG, UK
Index der Granaten	271

Die 57-mm Pak SIS-2 als Ausstellungsexponat im Flugplatzmuseum Cottbus.

57-mm sfPak Ch-26 (K-70)

Als Version der 57-mm Pak SIS-2 erhielt die NVA ab 1960 die motorisierte Ausführung, die 57-mm selbstfahrende Pak Ch-26. Das Geschütz war wegen seiner großen Beweglichkeit und seinem hohen Feuertempo eine wirksame Panzerabwehrwaffe und kam in den Panzerabwehrzügen der MSB zum Einsatz. Die selbstfahrende Pak verschoss die gleiche Munition wie die 57-mm Pak SIS-2. Bei größeren Marschstrecken wurde die Pak an ein Zugmittel angehängt, bei kurzen Strecken und beim Stellungswechsel im Gefecht wurde der eigene Antrieb genutzt. Beim Fahren im Gelände mit eigenem Antrieb wurden an der Pak 20 Granaten mitgeführt. Die Munition befand sich in Munitionskisten, die auf den Holmen befestigt waren. Da die selbstfahrende Pak nicht mit einem separaten Rohrvorholer ausgerüstet war, erhielt das Kanonenrohr eine Zweikammern-Mündungsbremse. Auf Grund fehlender Ersatzteile für den Motor der Pak wurden ab 1970 sämtliche Geschütze umgebaut. Der Motor wurde demontiert und die Pak unter der Bezeichnung »Kanone K-70« als Ersatzbewaffnung in den MSB genutzt. 1982 wurde ein Teil dieser Geschütze durch die DDR an afrikanische Staaten verkauft.

Typ	Pak
Einführungszeitraum	ab 1960
Einsatzebene	MSB
Kaliber (mm)	57
Rohrlänge (mm)	4227
Entfernung des direkten Schusses (m)	1100
Maximale Schussentfernung (m)	6700
Anfangsgeschwindigkeit UK (m/s)	1250
Feuergeschwindigkeit (Schuss/min)	15–25
Marschgeschwindigkeit mit Zg (km/h)	60
Marschgeschwindigkeit mit Eigenantrieb (km/h)	40
Erhöhungswinkel max. (Grad)	15
Neigungswinkel max. (Grad)	8
Seitenschwenkbereich (Grad)	52
Richtaufsatz	MP 1-50
Zielfernrohr	OP 4A-50
Länge in Marschlage (mm)	7010
Breite (mm)	1800
Feuerhöhe (mm)	762
Spurweite (mm)	1580
Bodenfreiheit (mm)	314
Masse Gefechtslage (kg)	1250
Masse Marschlage (kg)	1900
Kampfsatz	200
Granatarten	PG, SplG, UK
Index der Granaten	271
Zugmittel	LO 1800A
Bedienung	6

Die selbstfahrende Pak Ch-26 in Marschlage, das Kanonenrohr erhielt eine Zweikammern-Mündungsbremse.

100-mm Pak T-12

Die 100-mm Pak T-12 in Marschlage, niedrige Bauweise und ein glattes Kanonenrohr waren besondere Merkmale der Pak.

1966 und 1967 erhielten die Panzerjägereinheiten der Divisionen und der Militärbezirke die
neue 100-mm Pak T-12. Das Glattrohr-
Geschütz verfügte über ein sechs Meter langes,
schlankes Rohr mit einer Loch-Mündungsbrem-
se. Die Elemente der Rohrrücklaufeinrichtung
waren über dem Rohr hinter dem Schutzschild
angeordnet. Der halbautomatische Fallkeilverschluss verschloss das Rohr, ermöglichte das
Abfeuern der Granate und warf die beschosse-
ne Hülse aus. Die Oberlafette diente dem Richten der Kanone nach Höhe und Seite, sie nahm
die Elemente der Rohrrücklaufeinrichtung auf.
Die Unterlafette war als Spreizlafette ausgelegt,
die Holme waren geschweißte Kastenholme.
Das Spornrad wurde zum Bewegen der Kanone
im Mannschaftszug verwendet, es war am
linken Holmende befestigt. Die Federung des
Fahrgestells wurde beim Spreizen und Schlie-
ßen der Holme aus- und eingeschaltet.

Typ	Pak
Einführungszeitraum	ab 1966
Einsatzebene	Division
Kaliber (mm)	100
Rohrlänge (mm)	6300
Entfernung des direkten Schusses (m)	1880
Maximale Schussentfernung (m)	8200
Anfangsgeschwindigkeit UK (m/s)	1575
Feuergeschwindigkeit (Schuss/min)	bis 14
Marschgeschwindigkeit (km/h)	60
Erhöhungswinkel max. (Grad)	20
Neigungswinkel max. (Grad)	6
Seitenschwenkbereich (Grad)	54
Richtaufsatz	S71-40
Rundblickfernrohr	PG-1M
Zielfernrohr	OP4M-4O
Nachtsichtgerät	APN5-40
Länge in Marschlage (mm)	9480
Breite (mm)	1795
Höhe bis Oberkante Schild (mm)	1565
Spurweite (mm)	1475
Bodenfreiheit (mm)	380
Masse Gefechtslage (kg)	2800
Masse Marschlage (kg)	2750
Kampfsatz	80
Granatarten	UK, HL-SplG
Zugmittel	G5, Ural 375
Bedienung	5

Die Spurbreite von 1475 mm und die einfache
Drehstabfederung waren die Schwachstellen
des Geschützes, da das Geschütz bei zu
schneller, scharfer Kurvenfahrt umzufallen
drohte. Im direkten Richten wurde mit der
Unterkaliber- und der Hohlladungs-Splittergra-
nate geschossen. Beim Schießen im indirekten
Richten kam bis 8000 m zusätzlich eine Split-
ter-Sprenggranate zum Einsatz. Da patronierte
Munition verwendet wurde, konnte eine
Schussfolge von bis zu 14 Schuss/min erreicht
werden.

*Die Elemente der Rohrrücklaufeinrichtung
und das Bodenstück sind bei dieser Rück-
ansicht gut zu erkennen.*

100-mm Pak MT-12

Die Weiterentwicklung der 100-mm Pak T-12 mündete in der 100-mm Pak MT-12, die ab 1971 in die NVA eingeführt wurde. Die wesentlichen Unterschiede zwischen beiden Geschützen betrafen den Rohrausgleicher und die Fahrwerksfederung. Auf den ersten Blick war zu erkennen, dass das Fahrgestell der modernisierten MT-12 fast einen halben Meter breiter war. Zusätzlich wurde die Drehstabfederung durch neu eingebaute Stoßdämpfer verstärkt. Dadurch konnte die Haftung der Räder auf dem Boden bedeutend verbessert werden. Die zweite wesentliche Veränderung betraf die Rohrrücklaufeinrichtung. Der alte pneumatische Rohrausgleicher konnte durch einen mechanischen Ausgleicher ersetzt werden. Da dieses neue Element nicht mehr in die alte Halterung passte, musste es waagerecht montiert werden. Die Pak T-12 und MT-12 verschossen die gleiche Munition. Für das Nachtgefecht kamen die Nachtsichtgeräte APN-5-40 oder APN-6-40 zum Einsatz.

Typ	Pak
Einführungszeitraum	ab 1971
Einsatzebene	Division
Kaliber (mm)	100
Rohrlänge (mm)	3600
Entfernung des direkten Schusses (m)	1880
Maximale Schussentfernung (m)	8200
Anfangsgeschwindigkeit UK (m/s)	1575
Feuergeschwindigkeit (Schuss/min)	bis 14
Marschgeschwindigkeit (km/h)	70
Erhöhungswinkel max. (Grad)	20
Neigungswinkel max. (Grad)	6
Seitenschwenkbereich (Grad)	54
Richtaufsatz	S71-40
Rundblickfernrohr	PG-1M
Zielfernrohr	OP4M-4OU
Nachtsichtgerät	APN-6-40
Länge in Marschlage (mm)	9650
Breite (mm)	2310
Höhe bis Oberkante Schild (mm)	1600
Spurweite (mm)	1910
Bodenfreiheit (mm)	380
Masse Gefechtslage (kg)	3100
Masse Marschlage (kg)	3050
Kampfsatz	80
Granatarten	UK, HL-SplG
Zugmittel	MT-LB
Bedienung	5

Hier gut zu erkennen, der waagerecht montierte, mechanische Ausgleicher.

76-mm K SIS-3 Modell 42

Die ersten Geschütze dieser bereits im II. Weltkrieg eingesetzten Waffe erhielt die HVA 1950. Lebende Kräfte und Feuermittel konnten mit der 76-mm Kanone SIS-3 Modell 42 aus gedeckter Feuerstellung wirkungsvoll bekämpft und niedergehalten werden. Als äußerst wirkungsvoll erwies sie sich im Kampf gegen Panzer und SFL. Zu ihrem Erfolg trugen die geringe Masse, die hohe Zuverlässigkeit, die günstigen Gefechtseigenschaften sowie die einfache Bedienung bei. Gerader, rechteckiger Schild,

Das klassische Bild einer Kanone, hier die 76-mm Kanone SIS-3.

Die Kanone SIS-3 in Feuerstellung.

Rohr mit Zweikammern-Mündungsbremse und die Anordnung der Elemente der Rohrrücklaufeinrichtung waren wichtige Erkennungsmerkmale der Kanone. Für das Geschütz standen elf verschiedene Granatarten zur Verfügung. Neben den herkömmlichen Spl-SprG, UK und PG konnten auch Nebel-, Brand- und Schrapnellgranaten verschossen werden.

Obwohl der Höchstbestand im Jahre 1957 bei rund 400 Geschützen lag, spielte diese Waffe in der Perspektivplanung der NVA für die Jahre 1958 bis 1960 keine Rolle mehr. Auf Grund des zu dieser Zeit geringen Kalibers wurden die SIS-3 nur noch als Aushilfswaffen genutzt und ab 1960 durch 85-mm Kanonen abgelöst. Ein Teil der Geschütze wurde an das Ministerium für Staatssicherheit und an das Ministerium des Inneren übergeben. 1971 kamen die letzten 188 Kanonen in zentrale Lager.

Typ	Kanone
Einführungszeitraum	1950
Einsatzebene	Division
Kaliber (mm)	76,2
Rohrlänge (mm)	3169
Maximale Schussentfernung (m)	13.290
Anfangsgeschw. Granate (m/s)	680
Feuergeschw. (Schuss/min)	bis 25
Erhöhungswinkel max. (Grad)	37
Neigungswinkel max. (Grad)	5
Seitenschwenkbereich (Grad)	54
Richtaufsatz	ja
Rundblickfernrohr	PG
Nachtbeleuchtungssatz	Lutsch-II
Länge in Marschlage (mm)	6095
Breite (mm)	1645
Höhe bis Oberkante Schild (mm)	1375
Spurweite (mm)	1400
Bodenfreiheit (mm)	340
Masse Gefechtslage (kg)	1150
Masse Marschlage (kg)	1840
Kampfsatz	140
Granatarten	Spl-SprG, UK, PG
Index der Granaten	350, 353, 354
Zugmittel	G5

Die Kanone SIS-3 auf der Freifläche im Museum des Sieges in Berlin-Karlshorst.

85-mm K D-44

Die 85-mm Kanone D-44 gehörte zur Bewaffnung der Divisionsartillerie. Sie wurde hauptsächlich zur Bekämpfung und Niederhaltung lebender Kräfte und Feuermittel, zur Bekämpfung von Panzern und anderen motorisierten Kräften sowie zur Zerstörung von Drahthindernissen und Feldbefestigungsanlagen eingesetzt. Die ballistischen Eigenschaften und die Richtmechanismen der Kanone ermöglichten es, auf gedeckte und sich bewegende Ziele zu schießen. Um die Kanone in der Feuerstellung im Mannschaftszug transportieren zu können, wurde ein am linken Holmende befestigtes Spornrad abgeklappt, welches in der Marschlage verzurrt auf dem Holm mitgeführt wurde. Charakteristisch für die Kanone war der geschwungene Schild mit Aussparungen für das Fahrwerk. Der bewegliche Teil des Schildes machte die Bewegungen des Rohres mit und schützte so zusätzlich die Bedienung. Im linken Teil des Schildes befanden sich zwei Fenster, die für die Nutzung des Rundblickfernrohres und des Zielfernrohres bestimmt waren. Verschossen wurden Panzer- und Unterkalibergranaten sowie Splittergranaten mit voller oder verringerter Ladung.

Typ	Kanone
Einführungszeitraum	1957
Einsatzebene	Division
Kaliber (mm)	85
Rohrlänge (mm)	4685
Entfernung des direkten Schusses (m)	1120
Maximale Schussentfernung (m)	15.650
Anfangsgeschwindigkeit Granate (m/s)	1050
Feuergeschwindigkeit (Schuss/min)	15–20
Marschgeschwindigkeit (km/h)	60
Erhöhungswinkel max. (Grad)	35
Neigungswinkel max. (Grad)	7
Seitenschwenkbereich (Grad)	54
Richtaufsatz	52-T-367
Rundblickfernrohr	PG1M
Zielfernrohr	OP1-7
Länge in Marschlage (mm)	8460
Breite (mm)	1730
Höhe bis Oberkante Schild (mm)	1420
Spurweite (mm)	1440
Bodenfreiheit (mm)	350
Masse Gefechtslage (kg)	1725
Masse Marschlage (kg)	2300
Kampfsatz	120
Granatarten	PG, UK, SplG
Index der Granaten	365, 367
Zugmittel	G5
Bedienung	5

Die 85-mm Kanone D-44 in Marschlage.

85-mm sfK SD-44

Zu einer entscheidenden Verbesserung der Qualität der Panzerabwehrwaffen trug die 1957 beginnende Einführung der 85-mm selbstfahrenden Kanone SD-44 bei. Diese Kanone war auf Grund ihrer großen Beweglichkeit durch den Eigenantrieb sowie ihre hohe Feuergeschwindigkeit in Kombination mit einer großen Schussentfernung im direkten Richten eine wirkungsvolle Waffe, die sich besonders zur unmittelbaren Begleitung von mot. Schützeneinheiten eignete. Zum Beziehen der Feuerstellung und beim Stellungswechsel konnte mit Eigenantrieb gefahren werden. Dabei wurden bis zu zehn Granatpatronen in zwei auf den Holmen befestigten Munitionskisten mitgeführt. Bei der Verlegung über größere Strecken wurde die Kanone an ein Zugmittel angehängt; in der Regel kam der Lkw G 5 zum Einsatz. Der Grundaufbau der Kanone SD-44 entsprach dem Aufbau der Kanone D-44. Veränderungen erfuhren der Schild, die Zieleinrichtung, der Unterlafettenkörper, die Holme und das Fahrwerk. Zusätzlich erhielt die Kanone eine Winde, die das Auf- und Abprotzen erleichterte. Die Ausrüstung ergänzten ein lenkbares, luftbereiftes Spornrad, das in Marschlage der Kanone hochgeklappt wurde, und Holme, deren Hohlräume als Kraftstoffbehälter dienten.

Typ	Kanone
Einführungszeitraum	1957
Einsatzebene	Division
Kaliber (mm)	85
Rohrlänge (mm)	4685
Entfernung des direkten Schusses (m)	1120
Maximale Schussentfernung (m)	15.650
Anfangsgeschwindigkeit Granate (m/s)	1050
Feuergeschwindigkeit (Schuss/min)	15–20
Marschgeschwindigkeit mit Zg (km/h)	60
Marschgeschwindigkeit mit Eigenantrieb (km/h)	30
Erhöhungswinkel max. (Grad)	35
Neigungswinkel max. (Grad)	7
Seitenschwenkbereich (Grad)	54
Richtaufsatz	S71-7
Rundblickfernrohr	PG1M
Zielfernrohr	OP2-7
Länge in Marschlage (mm)	8400
Breite (mm)	1940
Höhe bis Oberkante Schild (mm)	1400
Spurweite (mm)	1670
Bodenfreiheit (mm)	320
Masse Gefechtslage (kg)	2270
Masse Marschlage (kg)	2500
Kampfsatz	140
Granatarten	PG, UK, SplG
Index der Granaten	365, 367
Zugmittel	G5
Bedienung	5–6

In den zwei Kisten auf dem rechten Holm wurde ein Teil der Munition befördert.

85-mm K SD-44

Auf Grund fehlender sowjetischer Ersatzteile wurden 1968 im Kfz-Reparaturwerk der NVA, Außenstelle Potsdam, Motoren des Pkw »TRA-BANT« in sämtliche selbstfahrende Kanonen SD-44 eingebaut. Diese blieben bis Ende der 70er Jahre an den Geschützen. Da die Notwendigkeit selbstfahrender Kanonen zu diesem Zeitpunkt nicht mehr bestand, wurden die Motoren ausgebaut und die Geschütze in die Reserve eingelagert. Diese rückmontierten Kanonen wurden als 85-mm Kanonen D-44 in den Unterlagen geführt. Sie unterschieden sich rein äußerlich von der Normalversion D-44 durch den veränderten Schild und die verbesserten, luftbefüllten Räder. Bei der rückmontierten Version fehlte auch das Spornrad am linken Holm.

Typ	Kanone
Einführungszeitraum	ab 1968
Einsatzebene	Regiment
Kaliber (mm)	85
Rohrlänge (mm)	4685
Entfernung des direkten Schusses (m)	1120
Maximale Schussentfernung (m)	15.650
Anfangsgeschwindigkeit Granate (m/s)	1050
Feuergeschwindigkeit (Schuss/min)	15–20
Marschgeschwindigkeit (km/h)	60
Erhöhungswinkel max. (Grad)	35
Neigungswinkel max. (Grad)	7
Seitenschwenkbereich (Grad)	54
Richtaufsatz	S71-7
Rundblickfernrohr	PG1M
Zielfernrohr	OP2-7
Länge in Marschlage (mm)	8460
Breite (mm)	1940
Höhe bis Oberkante Schild (mm)	1400
Spurweite (mm)	1670
Bodenfreiheit (mm)	320
Masse Gefechtslage (kg)	1725
Masse Marschlage (kg)	2300
Kampfsatz	140
Granatarten	PG, UK, SplG
Index der Granaten	365, 367
Zugmittel	G5, Ural 375
Bedienung	5

Die rückmontierte 85-mm Kanone SD-44 in Marschlage.

85-mm K D-44N

Die 1963 neu eingeführte 85-mm Kanone D-44N war mit dem Artillerie-Nachtsichtgerät APN3-7 und einem Infrarot-Scheinwerfer ausgerüstet und dadurch besonders zur Bekämpfung von gepanzerten Zielen bei Nacht geeignet. Die Stromversorgung für das aktive Nachtsichtgerät konnte durch zwei mal zehn Nickel-Kadmium-Akkumulatoren sichergestellt werden, die in Reihe geschaltet eine Spannung von 24 Volt erbrachten. Die Akkus wurden in zwei Akkumulatorenkästen auf den Holmen untergebracht.

Der Nachtscheinwerfer wurde starr auf der Rohrwiege befestigt und konnte mit den Bewegungen des Kanonenrohres korrespondieren. Mit dem Nachtsichtgerät konnten Ziele bis 800 m beobachtet und bekämpft werden. Zur passiven Aufklärung befand sich im Zubehör des APN3-7 ein Kommandantenbeobachtungsgerät, das auf einem Stativ aufgebaut war und somit eine Beobachtung bis 800 m erlaubte.

Typ	Kanone
Einführungszeitraum	1963
Einsatzebene	Division, Regiment
Kaliber (mm)	85
Rohrlänge (mm)	4685
Entfernung des direkten Schusses (m)	1120
Maximale Schussentfernung (m)	15.650
Anfangsgeschwindigkeit Granate (m/s)	1050
Feuergeschwindigkeit (Schuss/min)	15 - 20
Marschgeschwindigkeit (km/h)	60
Erhöhungswinkel max. (Grad)	35
Neigungswinkel max. (Grad)	7
Seitenschwenkbereich (Grad)	54
Richtaufsatz	52-Z-367
Rundblickfernrohr	PG1M
Zielfernrohr	OP1-7
Nachtsichtgerät	APN3-7
Länge in Marschlage (mm)	8460
Breite (mm)	1730
Höhe bis Oberkante Schild (mm)	1420
Spurweite (mm)	1440
Bodenfreiheit (mm)	350
Masse Gefechtslage (kg)	1770
Masse Marschlage (kg)	2300
Kampfsatz	120
Granatarten	PG, UK, SplG
Index der Granaten	365, 367
Zugmittel	G5, Ural 375
Bedienung	5

Das typische Erkennungsmerkmal der 85-mm Kanone D-44N, der große Infrarot-Scheinwerfer über dem Rohr.

85-mm K 52

Über die 1957 eingeführte 85-mm Kanone 52 aus der ČSSR ist wenig bekannt geworden. Eingesetzt wurde das Geschütz in den Artillerieregimentern der MSD. Die Kanone wurde vorrangig zum Kampf gegen Panzer und gepanzerte Fahrzeuge, aber auch zur Zerstörung von Feldbefestigungsanlagen, zum Niederhalten und Vernichten von Artilleriewaffen und lebenden Kräften eingesetzt. In den technischen Parametern, vor allem in der Schussentfernung und in der Anfangsgeschwindigkeit der Granaten war sie der sowjetischen Kanone D-44 überlegen. Mit der 85-mm Kanone 52 konnten Granaten aus tschechoslowakischer und sowjetischer Fertigung verschossen werden. Zum Einsatz kamen dabei Splittergranaten sowie Panzer- und Unterkalibergranaten mit Leuchtspur. Das Geschütz verfügte unter anderem über Stahlscheibenräder mit Luftbereifung. Der markante Schutzschild war an den Seiten nach hinten abgebogen, die Elemente der Rohrrücklaufeinrichtung ragten unterhalb des Rohres aus dem Schild heraus. Nachdem die AR umstrukturiert worden waren, bestand für die Kanone 52 in der NVA keine Verwendung mehr. Ein Teil der Geschütze wurde verschrottet, ein Teil kam als

Typ	Kanone
Einführungszeitraum	ab 1957
Einsatzebene	Regiment
Kaliber (mm)	85
Maximale Schussentfernung (m)	16.200
Feuergeschwindigkeit (Schuss/min)	15–20
Marschgeschwindigkeit (km/h)	50
Erhöhungswinkel max. (Grad)	38
Neigungswinkel max. (Grad)	6
Seitenschwenkbereich (Grad)	60
Richtaufsatz	42S u. 52a
Rundblickfernrohr	PG-1 oder PG-1M
Zielfernrohr	3x8 Grad
Länge in Marschlage (mm)	7520
Breite (mm)	1880
Höhe bis Oberkante Schild (mm)	1450
Masse Gefechtslage (kg)	1850
Masse Marschlage (kg)	1900
Kampfsatz	120
Granatarten	PG, UK, SplG
Index der Granaten	365, 367
Zugmittel	G5, Ural 375
Bedienung	5–6

»Salutgeschütz« bei feierlichen Anlässen oder Staatsempfängen zum Einsatz.

Die 85-mm Kanone 52 mit dem an beiden Seiten abgebogenen Schild.

130-mm K M-46

Zu den imposantesten Geschützen der NVA gehörte die 130-mm Kanone M-46, die in den Artillerieeinheiten der Armeen eingesetzt war. Ein charakteristisches Merkmal der Kanone war das sehr lange Rohr mit Lochmündungsbremse. So konnten die Granaten bei einer Anfangsgeschwindigkeit von fast 930 m/s eine maximale Schussentfernung von 27 km erreichen. Verschossen wurde getrennte Munition. Zum Einsatz gelangten Spl-SprG, PG mit LS und Leuchtgranaten. Die Elemente der Rohrrücklaufeinrichtung befanden sich über und unter dem Kanonenrohr.

Die Kanone war mit hydraulischen Holmhebern ausgestattet, die es der Besatzung erlaubten, das Geschütz in kurzer Zeit in Stellung zu bringen. Zum Herstellen der Marschlage wurde das Rohr mit Hilfe einer speziellen Rohrwinde nach hinten gezogen und mit Hilfe von Anschlägen auf den Holmen gezurrt. So verteilte sich das Gewicht des Geschützes gleichmäßig auf das Fahrwerk, ein freies Schwingen des Rohres während der Fahrt konnte reduziert werden. Es bestand auch die Möglichkeit, die Kanone mit nicht eingezogenem Rohr zu bewegen, was unter anderem auch bei Paraden gezeigt wurde.

Typ	Kanone
Einführungszeitraum	ab 1966
Einsatzebene	Armee
Kaliber (mm)	130
Rohrlänge (mm)	7600
Entfernung des direkten Schusses (m)	1140
Maximale Schussentfernung (m)	27.150
Anfangsgeschwindigkeit Granate (m/s)	930
Feuergeschwindigkeit (Schuss/min)	8
Marschgeschwindigkeit (km/h)	50
Erhöhungswinkel max. (Grad)	45
Neigungswinkel max. (Grad)	2
Seitenschwenkbereich (Grad)	50
Richtaufsatz	S71-35
Rundblickfernrohr	PG1M
Zielfernrohr	OP4M-35
Länge in Marschlage (mm)	11.730
Länge in Gefechtslage (mm)	11.100
Breite (mm)	2450
Höhe bis Oberkante Schild (mm)	2550
Bodenfreiheit Kanone / Protze (mm)	400 / 375
Masse Gefechtslage (kg)	7700
Masse Marschlage (kg)	8450
Kampfsatz	80
Granatarten	Spl-SprG, PG
Index der Granaten	482
Zugmittel	ATS-712, Tatra 813
Bedienung	8

Bei Paraden konnte man die Kanone mit nicht eingezogenem Rohr bewundern.

152-mm K 10/34

Die 152-mm Kanone Modell 10/34 gehörte zur Erstausstattung der Armeeartillerie der NVA. Besondere Merkmale waren die doppelt ausgelegten Räder mit Voll- oder Schwammgummibezug. In Marschstellung wurde das Geschütz mit Hilfe einer zusätzlichen Protze bewegt. Die Elemente der Rohrrücklaufeinrichtung, Rohrbremse und Rohrvorholer, waren nebeneinander unter dem Rohr angeordnet. Der Schutzschild war beidseitig sehr schmal ausgelegt. Das Rohr wurde mit einer Mehrkammern-Mündungsbremse ausgestattet. Da das Geschützrohr beim Feuerkampf nach vorn gebracht wurde (beim Schießen mit großer Erhöhung war Platz für den Rohrrücklauf nötig), musste die Vorderlastigkeit des Rohres durch zwei Federausgleicher kompensiert werden, die senkrecht zur Erde standen. Die KVP erhielt 1954 eine einmalige Lieferung von 16 Geschützen. Jede der zwei »Territorial Verwaltungen« erhielt sieben Kanonen, die

Typ	Kanone
Einführungszeitraum	1954
Einsatzebene	Armee
Kaliber (mm)	152,4
Rohrlänge (mm)	4925
Maximale Schussentfernung (m)	15.800
Anfangsgeschwindigkeit Granate (m/s)	670
Weite des direkten Schusses (m)	800
Feuergeschwindigkeit (Schuss/min)	2–3
Marschgeschwindigkeit (km/h)	30
Erhöhungswinkel max. (Grad)	45
Neigungswinkel max. (Grad)	4
Seitenschwenkbereich (Grad)	68
Richtaufsatz mit Entfernungstrommel	ja
Länge in Gefechtslage (mm)	8180
Breite (mm)	2340
Höhe (mm)	1990
Spurweite (mm)	1900
Bodenfreiheit (mm)	335
Masse Gefechtslage (kg)	7100
Masse Marschlage (kg)	7820
Kampfsatz	60
Granatarten	Spl-SprG, PG, BG
Index der Granaten	530, 540
Zugmittel	S-80, ATS-712
Bedienung	8

1956 von den beiden Militärbezirken der NVA übernommen wurden. Zu Ausbildungszwecken wurden zwei Kanonen an die Artillerie-Schule abgegeben. In der Perspektivplanung 1960–1965 spielten sie keine Rolle mehr.

Bei der 152-mm Kanone Modell 10/34 standen die beiden Federausgleicher im rechten Winkel zur Erde.

122-mm H M-30 Modell 38

Typ	Haubitze
Einführungszeitraum	ab 1950
Einsatzebene	AR
Kaliber (mm)	121,92
Rohrlänge (mm)	2800
Maximale Schussentfernung (m)	11.800
Anfangsgeschwindigkeit Granate (m/s)	515
Feuergeschwindigkeit (Schuss/min)	5–6
Marschgeschwindigkeit (km/h)	60
Erhöhungswinkel max. (Grad)	63
Neigungswinkel max. (Grad)	3
Seitenschwenkbereich (Grad)	49
Richtaufsatz	ja
Rundblickfernrohr	PG, PG1 oder PG1M
Nachtbeleuchtungssatz	Lutsch-4
Länge in Marschlage (mm)	5900
Breite (mm)	1975
Höhe bis Oberkante Schild (mm)	1710
Spurweite (mm)	1630
Bodenfreiheit (mm)	240
Masse Gefechtslage (kg)	2450
Masse Marschlage (kg)	2500
Kampfsatz	80
Granatarten	Spl-SprG, HL
Index der Granaten	460, 462
Zugmittel	G5, Ural 375
Bedienung	8

Zur Erstausstattung der DDR mit Artilleriewaffen gehörte die 122-mm Haubitze M-30 Modell 38 aus sowjetischer Produktion. Die ersten Geschütze erhielt die HVA im November 1950. In der Perspektivplanung für Bewaffnung und Ausrüstung der NVA wurde ein Gesamtbedarf für 1960 von 310 Waffen veranschlagt. Die Entwicklung der 122-mm Haubitze begann 1937 und dauerte bis 1939. Die Produktion begann 1940. Bis 1955 wurden rund 19.000 Haubitzen produziert, dabei liefen allein bis Ende 1945 etwa 17.500 Geschütze vom Band. Besondere Merkmale waren die zwei großen Tellerräder. Die Elemente der Rohrrücklaufeinrichtung, Rohrbremse und Rohrvorholer, waren über bzw. unter dem Rohr angeordnet und ragten weit über den Schild hinaus. Der Schutzschild war ab Höhe Rohr nach hinten abgeknickt. Die NVA erhielt ab 1958 fabrikneue Geschütze aus ungarischer Produktion. Auffälligstes Unterscheidungsmerkmal waren die unterschiedlich ausgeführten Kastenholme. Die Sowjetunion lieferte genietete und Ungarn

Die 122-mm Haubitze M-30 mit genieteten Holmen und modernisiertem Fahrwerk.

geschweißte Holme. Die DDR rüstete die Geschütze mit optischen Signalanlagen für den Straßenverkehr und mit Rädern des Lkw LO aus. Ab 1972 wurden die Haubitzen aus den AR der Divisionen in die Haubitzbatterien der MSR umgesetzt.

Die aus Ungarn importierten Haubitzen waren mit geschweißten Holmen ausgerüstet.

Auch die Fahrwerke der ungarischen Haubitzen wurden teilweise modernisiert.

122-mm H D-30

Die 122-mm Haubitze D-30 kam als Nachfolger der Haubitze M-30 Anfang der 70er Jahre in die Artillerieregimenter der MSD/PD. Neben den hauptsächlichen Einsatzmöglichkeiten einer Haubitze wurde die D-30 auch zum Schaffen von Nebelwänden, zum Beleuchten des Gefechtsfeldes und zum Verschießen von Agitationsgranaten eingesetzt. Mit dem Geschütz wurden hauptsächlich Splitter-Spreng- und Hohlladungsgranaten verschossen. Dabei kam getrennte Munition zum Einsatz.
Eine Besonderheit des Geschützes war der

Typ	Haubitze
Einführungszeitraum	1971
Einsatzebene	AR
Kaliber (mm)	122
Rohrlänge (mm)	4785
Maximale Schussentfernung (m)	15.300
Anfangsgeschwindigkeit Granate (m/s)	690
Feuergeschwindigkeit (Schuss/min)	6–8
Marschgeschwindigkeit (km/h)	60
Erhöhungswinkel max. (Grad)	70
Neigungswinkel max. (Grad)	7
Seitenschwenkbereich (Grad)	360
Richtaufsatz	D725-45
Rundblickfernrohr	PG1M
Zielfernrohr	OP4M-45
Länge in Marschlage (mm)	4500
Breite (mm)	1950
Höhe bis Oberkante Schild (mm)	1420
Spurweite (mm)	1850
Bodenfreiheit (mm)	325
Masse Gefechtslage (kg)	3200
Masse Marschlage (kg)	3290
Kampfsatz	80
Granatarten	Spl-SprG, HL
Index der Granaten	462, BP1
Zugmittel	Ural 375
Bedienung	6

Die 122-mm Haubitze D-30 in Feuerstellung.

Unterlafettenkörper, auf dem der Oberlafettenkörper drehbar gelagert war. Dadurch war es erstmals möglich, die Oberlafette um 360 Grad zu drehen und somit in alle Richtungen zu schießen. Dazu verfügte die Unterlafette über einen Spindelheber mit Stützteller. Mit zwei Heberkurbeln wurde das Geschütz angehoben, danach die Räder gehoben und arretiert und letztlich die beiden beweglichen Holme gespreizt. Zum Schluss wurde das Geschütz auf die Holme gesenkt und der Stützteller nach oben gebracht. Das Geschütz war gefechtsbereit. Eine weitere Neuerung gegenüber dem Vorläufermodell war eine Mehrkammern-Mündungsbremse am Rohr. Dadurch konnte die Rücklaufenergie nach Abgabe des Schusses um etwa 50 % abgeschwächt werden.

122-mm H D-30A

Anfang der 80er Jahre erfolgte die Zuführung der 122-mm Haubitze D-30A, eine Weiterentwicklung der D-30. Auffälligste Veränderung war die Verwendung einer neuen Zweikammern-Mündungsbremse. Weiterhin kamen leichtere Räder zum Einsatz, die Oberlafette und die Unterlafette wurden im Aufbau vereinfacht. Die Haubitze war nun mit einer Innenbacken-Druckluftbremse ausgerüstet, die von den Vorderrädern des Lkw ZIL 130 übernommen wurde und zum Bremsen der Haubitze beim Transport mit dem Zugmittel diente.
Die ballistischen Angaben des Geschützes und seine Einsatzgrundsätze änderten sich nicht. Es wurde die gleiche Munition verschossen, die gleichen Zieleinrichtungen verwendet. Die Haubitze war, wie ihr Vorgänger, mit dem Beleuchtungsgerät Lutsch D726 oder dem EB-62a/1-3 für das Nachtschießen ausgerüstet. Das Heben und Senken der Haubitze bei ihrer Umstellung in die Marsch- und in die Gefechtslage erfolgte bei der D-30A mit Hilfe einer hydraulischen Hebeeinrichtung.

Typ	Haubitze
Index der Waffe	2A18M
Einsatzebene	AR
Kaliber (mm)	122
Rohrlänge (mm)	4663
Maximale Schussentfernung (m)	15.300
Anfangsgeschwindigkeit Granate (m/s)	690
Feuergeschwindigkeit (Schuss/min)	6–8
Marschgeschwindigkeit (km/h)	80
Erhöhungswinkel max. (Grad)	70
Neigungswinkel max. (Grad)	7
Seitenschwenkbereich (Grad)	360
Richtaufsatz	D726-45
Rundblickfernrohr	PG1M
Zielfernrohr	OP4M-45
Länge in Marschlage (mm)	5400
Breite (mm)	2208
Höhe bis Oberkante Schild (mm)	1420
Spurweite (mm)	1850
Bodenfreiheit (mm)	325
Masse Gefechtslage (kg)	3300
Masse Marschlage (kg)	2400
Kampfsatz	80
Granatarten	Spl-SprG, HL
Index der Granaten	462, BK6
Zugmittel	Ural 375
Bedienung	6

Die Haubitze D-30A in Marschstellung.

152-mm H 09/30

Typ	Haubitze
Einführungszeitraum	1950
Einsatzebene	Ausbildung
Kaliber (mm)	152
Rohrlänge (mm)	2160
Maximale Schussentfernung (m)	8850
Feuergeschwindigkeit (Schuss/min)	5–6
Marschgeschwindigkeit (km/h)	7
Erhöhungswinkel max. (Grad)	45
Neigungswinkel max. (Grad)	0
Seitenschwenkbereich (Grad)	5
Breite (mm)	1525
Höhe bis Oberkante Schild (mm)	1880
Masse Gefechtslage (kg)	2810
Masse Marschlage (kg)	3270
Zugmittel	S-80

Neben Gewehren Modell 1888 zählte diese Haubitze zu den ältesten Waffen in den Streitkräften der DDR. Die Entwicklung der 152-mm Haubitze begann 1909 im Putilow- und Permsker Werk. Die Entwicklung dauerte bis 1920, die Produktion begann 1921. Es wurden rund 2500 Haubitzen produziert. 1930 erfuhr das Rohr der Haubitze eine Modernisierung. Die Elemente der Rohrrücklaufeinrichtung, Rohrbremse und Rohrvorholer, waren unter dem Rohr in einem Kasten untergebracht. Der Schutzschild war ab Höhe Rohr nach hinten abgeknickt. Genutzt wurde die Haubitze Modell 09/30 mit Protze.

Insgesamt erhielt die HVA zehn Geschütze, die ersten beiden bereits im April 1950. Sie wurden lediglich für Ausbildungszwecke verwendet. Zu den Geschützen wurden zwei Sätze Geschützzubehör und ein Satz Batteriezubehör empfangen. Vermutlich handelte es sich bei diesen Haubitzen um Beutewaffen, die bereits im deutschen Heer genutzt wurden.

Obwohl bis mindestens 1957 genutzt, spielten sie in der Perspektivplanung bis 1960 keine Rolle mehr.

Die 152-mm Haubitze Modell 09/30 mit typisch geschwungenem Schild.

152-mm H D-1 Modell 43

Die Entwicklung der 152-mm Haubitze D-1 begann Ende 1942 im Werk Nr. 9 Petrow, die Produktion begann im August 1943. Besondere Merkmale waren die zwei großen Tellerräder. Die Elemente der Rohrrücklaufeinrichtung wurden über und unter dem Rohr angeordnet. Der Schutzschild war ab Höhe Rohr nach hinten abgeknickt. Das Rohr wurde mit einer Zweikammern-Mündungsbremse ausgestattet. Die HVA erhielt die ersten Geschütze schon im April 1950. 1952 kamen weitere einsatzbereite Haubitzen und zwei Lehrwaffen dazu. Abgelöst wurde die Haubitze D-1 durch die 152-mm Kanonen-Haubitze D-20. Geschütze diesen Kalibers zählten zur Armee-Artillerie. Beide Territorialverwaltungen (Nord und Süd) erhielten jeweils sechs Waffen. Mit Gründung der NVA und der damit verbundenen Umwandlung der beiden Territorialverwaltungen in die Militärbezirke III und V wurden auch die Haubitzen D-1 dem Kommandeur der MB direkt unterstellt. Im Angriffs- und Verteidigungsgefecht bezogen die Geschütze ihre Feuerstellung in der Hauptrichtung der Gefechtshandlung der Armee, etwa 4 bis 6 km von der Hauptkampflinie entfernt.

Typ	Haubitze
Einführungszeitraum	ab 1950
Einsatzebene	Armee
Kaliber (mm)	152,4
Rohrlänge (mm)	4207
Max. Schussentfernung (m)	12.400
Anfangsgeschw. Granate (m/s)	508
Entfernung d. direk. Schusses (m)	580
Feuergeschw. (Schuss/min)	3–4
Marschgeschwindigkeit (km/h)	25
Erhöhungswinkel max. (Grad)	63
Neigungswinkel max. (Grad)	3
Seitenschwenkbereich (Grad)	35
Richtaufsatz	ja
Rundblickfernrohr	PG, PG1
Nachtbeleuchtungssatz	Lutsch-4
Länge in Marschlage (mm)	7200
Breite (mm)	2000
Höhe bis Oberkante Schild (mm)	1880
Bodenfreiheit (mm)	370
Masse Gefechtslage (kg)	3600
Masse Marschlage (kg)	3640
Kampfsatz	60
Granatarten	Spl-SprG, BG
Index der Granaten	530
Zugmittel	S-80, ATS-712
Bedienung	6

Die 152-mm Haubitze D-1 mit genieteten Holmen.

152-mm KH ML-30 Modell 37

Die Entwicklung der 152-mm Kanonen-Haubitze, basierend auf der 152-mm Kanone Modell 10/34, begann 1934. Die Buchstaben »ML« stehen als Werksindex für die ländliche Gegend bei Perm, wo das mit der Produktion der KH beauftragte Werk errichtet worden war. 1943 begann die Produktion. Bis 1946 wurden rund 6900 Kanonen-Haubitzen produziert. Rund 900 KH nutzte das deutsche Heer als Beutewaffe. Besondere Merkmale waren die doppelt ausgelegten Räder. In Marschstellung wurde das Geschütz mit Hilfe einer zusätzlichen Protze bewegt. Dazu wurde außerdem das Kanonenrohr in Marschstellung zurückgezogen. Die Elemente der Rohrrücklaufeinrichtung waren nebeneinander unter dem Rohr angeordnet. Der Schutzschild war beidseitig sehr schmal ausgelegt. Das Rohr erhielt eine Mehrkammern-Mündungsbremse. Da das Geschützrohr beim Feuerkampf nach vorn gebracht wurde (beim Schießen mit großer Erhöhung war Platz für den Rohrrücklauf nötig), musste die Vorderlastigkeit des Rohres durch zwei Federausgleicher kompensiert werden. Die KVP erhielt die ersten Geschütze im Oktober 1952. Geschütze

Typ	Kanonen-Haubitze
Einführungszeitraum	1952
Einsatzebene	Armee
Kaliber (mm)	152,4
Rohrlänge (mm)	4930
Maximale Schussentfernung (m)	17.200
Anfangsgeschwindigkeit Granate (m/s)	800
Feuergeschwindigkeit (Schuss/min)	3–4
Marschgeschwindigkeit (km/h)	25
Erhöhungswinkel max. (Grad)	65
Neigungswinkel max. (Grad)	2
Seitenschwenkbereich (Grad)	58
Richtaufsatz	ja
Rundblickfernrohr	PG, PG1
Nachtbeleuchtungssatz	Lutsch-4
Länge in Marschlage (mm)	8180
Breite (mm)	3245
Höhe bis Oberkante Schild (mm)	2270
Spurweite (mm)	1900
Bodenfreiheit (mm)	315
Masse Gefechtslage (kg)	7930
Masse Marschlage (kg)	7130
Kampfsatz	60
Granatarten	Spl-SprG, BG, PG
Index der Granaten	540
Zugmittel	S-80, ATS-712
Bedienung	8

Die 152-mm KH ML-30 in Marschlage, das Rohr wurde für den Marsch zurück gezogen. Interessant ist das veränderte Fahrwerk.

dieses Kalibers zählten zur Armee-Artillerie. Beide Territorialverwaltungen erhielten 16 Waffen. Dem Leiter der Territorialverwaltung war ein B-Kommando direkt unterstellt. In diesem B-Kommando waren eine 152-mm Haubitz-Abteilung und zwei 152-mm Kanonen-Haubitz-Abteilungen integriert. Diese Artillerie wurde gewöhnlich im Bestand der Armee-Artilleriegruppe eingesetzt und unterstand damit dem Kommandeur - Artillerie der Armee direkt.

In Berlin Tiergarten kann man diese KH in Gefechtslage bestaunen.

Die KH ML-30, typisch das doppelt bereifte Fahrwerk und die nach hinten geneigten Federausgleicher.

152-mm KH D-20

Die 152-mm KH D-20 war vor allem zum Bekämpfen von Kernwaffen-Einsatzmitteln und von Funkmessstationen, zum Zerstören von Feld- und Betonbefestigungsanlagen sowie zum Niederhalten von Führungsstellen und rückwärtigen Einrichtungen vorgesehen. Sie wurde ab 1973 in den Artillerieregimentern der Militärbezirke eingesetzt. Das Rohr war mit einer Zweikammern-Mündungsbremse ausgerüstet, die Elemente der Rücklaufeinrichtung befanden sich oberhalb des Kanonenrohres. Rechts war die Rohrbremse, links der Rohrvorholer angeordnet. Die Unterlafette war als Spreizlafette konstruiert. Sie nahm unter anderem das Fahrwerk mit Drehstabfederung, die Bremseinrichtung und die hydraulische Hebeeinrichtung zum Heben und Senken der Räder auf. Aus der KH D-20 wurde getrennte Munition verschossen. Neben den Splitter-Sprenggranaten kamen Panzergranaten mit Leuchtspur, Hohlladungsgranaten und Panzer-Übungsgranaten zum Einsatz. Die Splitter-Sprenggranaten konnten, abhängig von der Zünderstellung, als Abpraller, als Splittergranate oder als Sprenggranate mit bzw. ohne Verzögerung verschossen werden.

Typ	Kanonen-Haubitze
Einführungszeitraum	ab 1973
Einsatzebene	Armee
Kaliber (mm)	152,4
Rohrlänge (mm)	5195
Maximale Schussentfernung (m)	17.410
Anfangsgeschwindigkeit Granate (m/s)	655
Feuergeschwindigkeit (Schuss/min)	5–6
Marschgeschwindigkeit (km/h)	60
Erhöhungswinkel max. (Grad)	45
Neigungswinkel max. (Grad)	5
Seitenschwenkbereich (Grad)	58
Richtaufsatz	S71
Rundblickfernrohr	PG1M
Zielfernrohr	OP4M
Länge in Marschlage (mm)	8690
Breite (mm)	2400
Höhe bis Oberkante Schild (mm)	1925
Spurweite (mm)	1900
Bodenfreiheit (mm)	380
Masse Gefechtslage (kg)	5650
Masse Marschlage (kg)	5700
Kampfsatz	60
Granatarten	Sprl-SprG, HL
Index der Granaten	540
Zugmittel	Tatra 813, Tatra 815

Die beeindruckende 152-mm KH D-20 in Gefechtsstellung.

76-mm SFL SU-76M

85-mm SFL SU-85

100-mm SFL SU-100

Die 76-mm SFL SU-76M gehörte zur Erstausstattung der HVA, wurde von der KVP und den Einheiten der NVA verwendet. Die SFL basierte auf dem um eine Laufrolle verlängerten Fahrwerk des leichten sowjetischen Panzers T-70M. Im Kampfraum erfolgte der starre Einbau der 76,2-mm Kanone SIS-3S Modell 42. Bei Märschen wurde die Kanone mit einer Marschzurrung über der Fahrerluke gesichert. Die Waffe hatte einen Erhöhungswinkel von 30 Grad, einen Neigungswinkel von 5 Grad und war in der Seite nach rechts und links um jeweils 15 Grad zu richten. Zum Einsatz kamen 31 Splitter-Sprenggranaten, sieben Unterkaliber- und 15 Panzergranaten mit Leuchtspur (Index der Granaten 350, 353 und 354). Die Feuergeschwindigkeit betrug bis zu 20 Schuss/min. Die SFL wurde vorrangig zum Kampf gegen gepanzerte Ziele eingesetzt. In der NVA wurde die SFL nur noch für Ausbildungszwecke verwendet.

Beide SFL wurden vorrangig für die Panzerabwehr eingesetzt. Der gepanzerte Aufbau war vorn angeordnet, wobei Kampf- und Fahrerraum zusammengefasst wurden. Für die SU-85 fand das Fahrwerk des T 34/76 Verwendung. In der 85-mm SFL war die Kanone D-5S-85 mit vertikalen Richtwinkeln von -5 bis +25 Grad eingebaut. Der horizontale Schwenkbereich betrug 20 Grad. Die Schussweite im direkten Richten lag bei 3800 m, im indirekten Richten wurden Schussweiten von bis zu 13.600 m erreicht. Der Kampfsatz umfasste 48 Granaten, die sich in Unterkaliber-, Panzer- und Splittergranaten unterschieden (Index der Granaten 365).

Die 76-mm SFL SU-76M in Marschlage, der offene Mannschaftsraum war abgeplant.

Die Anfangsgeschwindigkeit der Panzergranate lag bei 790 m/s mit einer Durchschlagskraft von 100 mm Panzerstahl bei einer Entfernung von 1000 m zum Ziel. Die Splittergranate hatte eine Anfangsgeschwindigkeit von 785 m/s. Die Schussfolge lag bei sechs bis sieben Granaten/min. Die Abfeuerung der Granaten erfolgte von Hand, im Zuge der Serienproduktion wurde auf eine elektrische Abfeuerung umgerüstet. Die SU-100 wurde auf dem Fahrwerk des T 34/85 entwickelt. Das Konstruktionsprinzip wurde von der SU-85 übernommen. Der Kommandant erhielt einen kleinen Turm in der rechten Seitenwand des Kampfraumes. Hauptbewaffnung der SFL war die Kanone D-10D Modell 44. Die Kanone hatte einen Flachkeilverschluss mit mechanischer Halbautomatik und konnte mechanisch und elektrisch abgefeuert werden. Der vertikale Richtwinkel lag zwischen -3 bis +20 Grad, der horizontale Schwenkbereich betrug 16 Grad. Die Schussweite im direkten Richten lag bei 4600 m, beim indirekten Richten maximal 15.400 m. Zum Kampfsatz gehörten 33 Granaten, die sich in Panzergranaten mit Leuchtspur und Splitter-Sprenggranaten (Index der Granaten 412) unterteilten. Die Anfangsgeschwindigkeit der Panzergranate lag bei 900 m/s. Die Wanne war aus gewalzten Panzerplatten geschweißt. Die 75 mm starke Bugplatte hatte einen Neigungswinkel von 50 Grad und bildete gleichzeitig die Frontplatte des Aufbaus.

Die 100-mm SFL SU-100 als Denkmal am Eingang zur Gedenkstelle Ravensbrück. Diese SFL war ein Geschenk der Sowjetunion.

122-mm SFL-H 2S1

Die 122-mm SFL-Haubitze kam in den SFL-AA der MSR und den AR der MSD/PD ab 1976 zum Einsatz und löste damit die gezogenen 122-mm Haubitzen ab. Die SFL war ein leicht gepanzertes Gefechtsfahrzeug, das auf dem Basisfahrzeug MT-LBu aufgebaut wurde. Es war für den Gefechtseinsatz am Tage und in der Nacht sowie im dekonterminierten Gelände vorgesehen. Mit der SFL-Haubitze konnte nur im Stand im indirekten und im direkten Richten geschossen werden. Zum Einsatz kam getrennte Munition, hauptsächlich Splitter-Spreng- und Hohlladungsgranaten (Index der Granaten 462). Aber auch Nebel-, Leucht- und Agitationsgranaten konnten verschossen werden. Die verwendete Haubitze 2A31 war mit einem Ejektor und einer Zweikammern-Mündungsbremse ausgerüstet. Durch den Einsatz einer Zuführereinrichtung wurden die Granaten und die Hülsenkartuschen in den Laderaum des Rohres transportiert, die Arbeitsbedingungen des Ladekanoniers konnten dadurch bedeutend verbessert werden. Bei Ausfall der Zuführereinrichtung erleichterte eine Granathalteeinrichtung das manuelle Laden, besonders bei großem Rohrerhöhungswinkel. Die Länge des Rohres betrug 4270 mm, der maximale Erhöhungswinkel der Haubitze lag bei 70 Grad, der Neigungswinkel bei drei Grad. Die Haubitze war in einen um 360 Grad drehbaren Turm eingebaut. Die vierköpfige Bedienung erreichte eine Schussfolge von vier bis fünf Schuss/min. Die maximale Schussentfernung betrug 15.200 m, die Weite des direkten Schusses bei einer Zielhöhe von zwei Meter lag bei 1040 m. In der SFL wurden 50 % des Kampfsatzes mitgeführt, das waren 35 Spl-SprG und 5 HL.

Die Schwimmfähigkeit der 122-mm SFL-Haubitze 2S1 war ein riesiger taktischer Vorteil im Gefecht.

152-mm SFL-H 2S3M

Die AR der MSD/PD erhielten ab 1976 die 152-mm SFL-Haubitze 2S3M. Damit wurden sukzessiv die 130-mm Kanonen M-46 und die 152-mm Haubitze D-20 abgelöst. Im drehbaren Turm war die 152-mm Haubitze 2A33 montiert. Am Drehkranz der Geschützführerkuppel konnte ein 7,62-mm Panzer-MG PKT aufgebaut werden. Eingesetzt wurde die SFL im indirekten Richten bis maximal 17.300 m. Die Weite des direkten Schusses bei einer Zielhöhe von zwei Meter betrug 800 m. Zum Schießen kam die Zieleinrichtung PG-4 zum Einsatz, die aus einem Rundblickfernrohr zum Schießen aus gedeckter Feuerstellung und aus einem Zielfernrohr zum Schießen im direkten Richten bestand.

Gerichtet wurde die Waffe mit einem Bedienpult oder mit Handantrieben. Der horizontale Schwenkbereich betrug 360 Grad, der Erhöhungswinkel 60 Grad, der Neigungswinkel 4 Grad. Das Rohr verfügte über einen Ejektor und eine Zweikammern-Mündungsbremse. Der Kampfsatz bestand aus 56 Spl-SprG mit erhöhter Wirkung und vier Hohlladungsgranaten (Index der Granaten 540). Davon waren die vier HL und 42 Spl-SprG am Fahrzeug. Dazu kamen 46 Hülsenkartuschen, vier für die HL, 15 mit verringerter und 27 mit voller Ladung. Die aus vier Mann bestehende Bedienung erreichte eine Schussfolge von drei Schuss/min.

Die 152-mm SFL-Haubitze in Marschlage mit arretierter Kanone.

Mittlerer Panzer T 34/85

Der mittlere Panzer T 34/85 war mit der 85-mm Kanone SIS S-53 Modell 44, deren Länge 4645 mm betrug, ausgerüstet. Es war eine halbautomatische, gezogene Waffe mit Fallkeilverschluss. Die Kanone hatte eine mechanische und eine elektrische Abfeuerung. Gerichtet wurde sie mit Hilfe des Turmschwenkwerkes und der Höhenrichtmaschine. Der größte Erhöhungswinkel betrug 22 Grad. Durch den Neigungswinkel von fünf Grad entstand ein toter Raum von 23 m für die Kanone und das mit ihr gekoppelte Turm-MG rund um den Panzer. Der horizontale Schusswinkel betrug 360 Grad.

Der Kampfsatz für die Kanone variierte zwischen 55 und 60 Granatpatronen. Verschossen wurden Splitter-, Panzer- und Unterkalibergranaten (Index der Granaten 365). Die Einsatzreichweite der SplG mit voller Ladung, Anfangsgeschwindigkeit 785 m/s, lag beim indirekten Richten bei etwa 13.800 m. Das Schießen bei schlechter Sicht und bei Nacht erfolgte nach vorbereiteten Anfangsangaben. Die dafür notwendigen Hilfsmittel waren der Turmteilring und die Erhöhungslibelle am Bodenstück der Kanone. Die PG und die UK kamen im direkten Richten zum Einsatz. Die UK mit einer Anfangsgeschwindigkeit von 1040 m/s konnte bis auf eine Entfernung von 1500 m eingesetzt werden.

Der mittlere Panzer T 34/85 Modell 44 mit höchster Rohrerhöhung. So konnte der Panzer bis etwa 13.800 m weit schießen.

Mittlerer Panzer T 54

Der mittlere Panzer T 54 war mit der 100-mm Panzerkanone D-10T ausgerüstet, einer Weiterentwicklung der bereits in der SFL SU-100 verwendeten Kanone D-10. Die halbautomatische Kanone hatte ein gezogenes Rohr mit Schubkurbel-Flachkeilverschluss. Der Höhenrichtbereich lag zwischen +18 und -5 Grad, der Seitenrichtbereich betrug 360 Grad. Die Schussfolge lag zwischen vier bis sieben Schuss/min. Zum Einsatz kamen Splitter-Spreng- und Panzergranaten mit Leuchtspur (Index der Granaten 412). Die maximale Schussentfernung für die Spl-SprG lag bei rund 15.600 m.

Mit der Weiterentwicklung des Panzers zu den Versionen T 54A und T 54AM erhielt die 100-mm Kanone D-10TG einen Ejektor und einen Stabilisator für die vertikale Ebene. Mit Hilfe eines Steuerpultes konnte die Kanone in Höhe und Seite über elektrische und hydraulische Antriebe gerichtet werden.

Nach mehreren Modernisierungen erhielten sämtliche Panzer der T 54-Reihe eine Nachtschießanlage für Kommandant und Richtschütze. Der Kampfsatz wurde um eine Hohlladungsgranate erweitert.

Der mittlere Panzer T 54AM mit seiner 100-mm Kanone D-10TG.

Mittlerer Panzer T 55

Der mittlere Panzer T 55 war mit der 100-mm Panzerkanone D-10T2S ausgerüstet. Das gezogene Rohr verfügte über einen Ejektor an der Rohrmündung und einen Schubkurbel-Flachkeilverschluss. Der vertikale Richtbereich lag zwischen +17 und -4 Grad. Im Kampfsatz befanden sich Splitter-Spreng-, Panzer- und Hohlladungsgranaten (Index der Granaten 412). Die Anfangsgeschwindigkeit der Spl-SprG betrug 900 m/s, dabei konnte eine maximale Schussweite von 14.600 m erreicht werden. Die Kanone war in zwei Ebenen stabilisiert, die Waffe konnte elektro-hydraulisch mit einem Steuerpult oder mechanisch gerichtet werden. Durch die Stabilisierung in zwei Ebenen konnten aus der Bewegung bis zu vier Schuss/min

abgegeben werden. Der Panzer war mit Ziel- und Beobachtungsgeräten für den Einsatz bei Tag und Nacht ausgerüstet. Zum Schießen aus gedeckter Feuerstellung kamen Turmteilring und Erhöhungslibelle zum Einsatz. Ab Anfang der 70er Jahre erfolgte die Einführung einer Unterkalibergranate in den Kampfsatz.
Ab 1986 wurden rund 290 Panzer im Rahmen der Hauptinstandsetzung modernisiert. Im Ergebnis dieser Maßnahme erhielt der Panzer eine segmentierte Wärmeschutzhülle für die Kanone, die eine thermische Beeinflussung des Rohres durch äußere Einflüsse verhinderte. Durch eine Feuerleitanlage erhöhte sich die Trefferwahrscheinlichkeit beim Schießen auf Ziele außerhalb der Weite des direkten Schusses bis 5000 m. Ein Teil der modernisierten Panzer wurde zusätzlich mit dem Lenkwaffenkomplex 9K116 ausgerüstet. Dadurch waren diese Panzer in der Lage, gepanzerte Ziele bis 4000 m mit Hilfe einer Rakete zu bekämpfen.

Der mittlere Panzer T 55 war von Anfang an mit einer Infrarot-Nachtschießanlage ausgerüstet.

Mittlerer Panzer T 72

Der mittlere Panzer T 72 und seine Versionen war mit der 125-mm Glattrohrkanone D-81TM ausgerüstet. Die Kanone besaß eine Wärmeschutzhülle, einen Ejektor in der Mitte des Rohres und einen Schubkurbel-Flachkeilverschluss. Der Verschluss bildete eine Einheit mit dem Ladeautomaten, der zum Verzicht des Ladeschützen führte. Der Panzer verschoss getrennte Munition, Verwendung fanden dabei Splitter-Spreng-, Hohlladungs- und Unterkalibergranaten. Die Anfangsgeschwindigkeit der UK betrug 1800 m/s, eine Leistung, die einmalig im Waffenbau war. Der Kampfsatz betrug bei der ersten Version 39 Granaten, die nachfolgenden Versionen T 72M und T 72M1 verfügten über 44 Granaten.

Da die Kanone einen Erhöhungswinkel von 13 Grad erreichte, lag die maximale Schussentfernung im indirekten Richten bei 9400 m. Durch den Neigungswinkel von 6 Grad entstand ein toter Raum um den Panzer von 16 m. Durch den Einsatz von Ladeeinrichtung und Zweiseiten-Stabilisator konnte eine Feuergeschwindigkeit von acht Schuss/min, egal bei welcher Feuerart, erreicht werden.

Die erste Lieferung von Panzern (1978) war mit einem optischen Entfernungsmesser, die nachfolgenden mit einem Laserentfernungsmesser ausgerüstet.

Der mittlere Panzer T 72 verfügte über eine 125-mm Glattrohrkanone mit einem Ejektor in der Mitte des Rohres und einem Rohrmantel, der thermische Einflüsse zum großen Teil ausschloss.

122-mm GeW BM-21

Ab 1966 wurde der Geschosswerfer BM-21 neu in die Bewaffnung und Ausrüstung der Einheiten der Divisionsartillerie eingeführt. Die Schussentfernung betrug bis 20.000 m. Damit erhöhte sich die Bekämpfungstiefe des Gegners auf etwa 19.000 m. Durch den Einsatz von 40 Rohren wurde eine hohe Trefferdichte erreicht. Die hohe Richtgeschwindigkeit des Rohrpaketes konnte durch den Einsatz von elektromechanischen Höhen- und Seitenrichtmaschinen sichergestellt werden. Der Geschosswerfer wurde im indirekten Richten, aber auch im direkten Richten bei unmittelbarer Sicherung und Verteidigung, eingesetzt.

Verschossen wurde das drallstabilisierte, reaktive 122-mm Splitter-Spenggeschoss M-21OF. Unterschiedlich große Bremsringe an den Geschossen reduzierten die Schussentfernung. Bei Schussentfernungen über 16 km kamen keine Bremsringe mehr zum Einsatz. Zu jedem Werfer gehörten zwei Munitionstransportfahrzeuge auf Ural 375, die den Transport von weiteren 2 x 40 Geschossen ermöglichten.

Typ	Geschoss-werfer
Einführungszeitraum	ab 1966
Einsatzebene	Division
Kaliber (mm)	122,4
Anzahl der Rohre	40
Maximale Schussentfernung (m)	20.750
Anfangsgeschw. Geschoss (m/s)	690
Feuergeschw. für eine Salve (s)	20
Marschgeschwindigkeit (km/h)	75
Erhöhungswinkel max. (Grad)	55
Neigungswinkel max. (Grad)	0
Seitenschwenkbereich (Grad)	175
Rundblickfernrohr	PG1M
Länge in Marschlage (mm)	7340
Breite in Marschlage (mm)	2400
Breite in Gefechtslage (mm)	3010
Höhe in Marschlage (mm)	3090
Höhe mit max. Erhöhung (mm)	4350
Spurweite vorn / hinten (mm)	2000 / 2000
Bodenfreiheit (mm)	400
Masse geladen (kg)	13.700
Masse ungeladen (kg)	10.760
Granatarten	Spl-Spr-Gs
Index des Geschosses	M-21OF
Kampfsatz	120
Basisfahrzeug	Ural 375
Bedienung	6

Der Geschosswerfer BM-21 auf dem Basisfahrzeug Ural 375.

122-mm GeW RM-70

Der Geschosswerfer RM-70 wurde ab 1974 aus der ČSSR eingeführt. Der Aufbau des artilleristischen Teils entsprach dem des Geschosswerfers BM-21. Die Geschosswerfer kamen in den ab 1974 aufgestellten Geschosswerferabteilungen der MSD zum Einsatz, wobei jede Abteilung aus drei Batterien bestand. Als Basisfahrzeug fand der Tatra 813 Verwendung. Dadurch waren Marschgeschwindigkeiten von bis zu 80 km/h möglich. Als Kampfsatz konnte der Werfer zwei mal 40 Geschosse, zwei Salven, mitführen. Das Laden der zweiten Salve erfolgte automatisch mit Hilfe einer Ladeeinrichtung in nur 36 s. Aus dem gepanzerten Führerhaus wurden alle Einrichtungen des RM-70 automatisch gesteuert. Jeweils zwei Geschosswerfer einer Batterie erhielten ein Planierschild BZ-T-813, welches den pioniertechnischen Ausbau von Stellungen erleichterte. Zur Gewährleistung der Einsatzbereitschaft erhielt jedes Fahrzeug eine Funkstation R-108M, ein leichtes Maschinengewehr K und eine Panzerbüchse RPG-7.

Typ	Geschosswerfer
Einführungszeitraum	ab 1974
Einsatzebene	Division
Kaliber (mm)	122,4
Anzahl der Rohre	40
Maximale Schussentfernung (m)	20.380
Anfangsgeschw. Geschoss (m/s)	690
Feuergeschw. für eine Salve (s)	18–22
Marschgeschwindigkeit (km/h)	85
Erhöhungswinkel max. (Grad)	55
Neigungswinkel max. (Grad)	0
Seitenschwenkbereich (Grad)	122
Richtaufsatz	ja
Rundblickfernrohr	PG1M
Länge in Marschlage (mm)	8650
Breite in Marschlage (mm)	2550
Breite in Gefechtslage (mm)	2950
Höhe in Marschlage (mm)	2960
Höhe mit max. Erhöhung (mm)	4450
Spurweite vorn / hinten (mm)	2030 / 2030
Bodenfreiheit (mm)	425
Masse geladen (kg)	25.400
Masse ungeladen (kg)	18.400
Granatarten	Spl-Spr-Gs
Index des Geschosses	9M22, JROF
Basisfahrzeug	Tatra 813
Bedienung	4

Der Geschosswerfer RM-70 mit imposantem, gepanzertem Fahrerhaus.

Ein großer Vorteil war, dass am Fahrzeug bis zu zwei komplette Salven transportiert werden konnten.

Das Planierschild BZ-T-813 war für den pioniertechnischen Ausbau der Feuerstellungen eine willkommene Hilfe.

122 mm GeW RM-70M

Mitte der 80er Jahre erhielten die Geschosswerferabteilungen die modernisierte Version des RM-70, den RM-70M. Als Basisfahrzeug diente der Tatra 815 (8x8). Der artilleristische Teil blieb unverändert. Auch die modernisierte Variante verfügte über eine automatische Ladeeinrichtung, mit der eine zweite Salve mitgeführt werden konnte. Auf eine Panzerung des Fahrzeuges wurde verzichtet. Zur Ausrüstung des Werfers gehörte eine Reifendruckregelanlage, mit der der Reifendruck den Bodenbeschaffenheiten angepasst werden konnte.

Das Fahrerhaus wurde mit einer Heizung, einer Belüftungsanlage und einer einfachen Kernwaffenschutzanlage ausgerüstet. Das Rohrpaket bestand aus 40 Rohren des Kalibers 122-mm. Es konnte manuell mit Hilfe eines Handrades oder elektro-mechanisch über ein Richtpult gesteuert werden. Die drallstabilisierten, reaktiven Geschosse wurden über das Bediengerät im Fahrerhaus oder mit einem Kabelfernzünder abgefeuert, der bis zu 60 m vom Fahrzeug entfernt sein konnte. Die Einsatznormativen der

Typ	Geschosswerfer
Einsatzebene	Division
Kaliber (mm)	122,4
Anzahl der Rohre	40
Maximale Schussentfernung (m)	20.380
Anfangsgeschw. Geschoss (m/s)	690
Feuergeschw. für eine Salve (s)	18–22
Marschgeschwindigkeit (km/h)	80
Erhöhungswinkel max. (Grad)	55
Neigungswinkel max. (Grad)	0
Seitenschwenkbereich (Grad)	125
Rundblickfernrohr	PG1M
Länge in Marschlage (mm)	9600
Breite in Marschlage (mm)	2530
Breite in Gefechtslage (mm)	2530
Höhe in Marschlage (mm)	3030
Spurweite vorn / hinten (mm)	2044 / 1988
Bodenfreiheit (mm)	410
Masse geladen (kg)	25.400
Masse ungeladen (kg)	18.400
Granatarten	Spl-Spr-Gs
Index des Geschosses	9M22, JROF
Basisfahrzeug	Tatra 815
Bedienung	4

Munition entsprachen denen des Werfers RM-70. Für den Geschosswerfer RM-70M kam das Planierschild BZ-T-815 zum Einsatz.

Auch der RM-70M konnte Munition für zwei Salven transportieren.

132-mm GeW BM-13N

Der Geschosswerfer BM-13N gehörte nicht zur Standardausstattung der NVA. Lediglich zwei Werfer wurden zur ausschließlichen Verwendung in der Waffengattung »Truppenluftabwehr« eingesetzt. Sie wurden 1973 und 1976 aus der Sowjetunion importiert. Die Geschosswerfer BM-13N dienten in Verbindung mit den Geschossen M-13UK und den Luftzielimitatoren JWZ-13UK zur Zieldarstellung für das Gefechtsschießen mit den Fla-Raketen 9M32M, Bestandteil des tragbaren Fla-Raketenkomplexes 9K32M »STRELA 2«. Der Werfer war mit acht Führungsschienen für jeweils zwei Geschosse ausgerüstet. Die maximale Schussentfernung mit dem Geschoss M-13UK lag bei etwa 8000 m bei einer Geschossgeschwindigkeit von 335 m/s. Die Rakete 9M32M flog mit 500 m/s.

Typ	Geschosswerfer
Einführungszeitraum	1973, 1976
Einsatzebene	Ausbildungseinrichtungen
Kaliber (mm)	132
Anzahl der Führungsschienen	16
Maximale Schussentfernung (m)	7900
Anfangsgeschwindigkeit Geschoss (m/s)	335
Marschgeschwindigkeit (km/h)	60
Länge in Marschlage (mm)	7200
Breite in Marschlage (mm)	2300
Höhe in Marschlage (mm)	2900
Spurweite vorn / hinten (mm)	1755 / 1750
Bodenfreiheit (mm)	310
Masse geladen (kg)	7890
Masse ungeladen (kg)	7210
Granatarten	Spr-Gs
Index des Geschosses	M-13UK
Basisfahrzeug	ZIL 157

Der Geschosswerfer BM-13N wurde nur für Ausbildungszwecke verwendet.

240-mm GeW BM-24

Typ	Geschosswerfer
Einführungszeitraum	ab 1962
Einsatzebene	Division
Kaliber (mm)	240,9
Anzahl der Geschossrahmen	12
Maximale Schussentfernung (m)	11.000
Anfangsgeschw. Geschoss (m/s)	480
Feuergeschw. für eine Salve (s)	6–8
Marschgeschwindigkeit (km/h)	60
Erhöhungswinkel max. (Grad)	50
Neigungswinkel max. (Grad)	0
Seitenschwenkbereich (Grad)	140
Länge in Marschlage (mm)	6930
Breite in Marschlage (mm)	2320
Breite in Gefechtslage (mm)	2650
Höhe in Marschlage (mm)	2800
Höhe mit max. Erhöhung (mm)	3510
Spurweite vorn / hinten (mm)	1755 / 1750
Bodenfreiheit (mm)	310
Masse geladen (kg)	8910
Masse ungeladen (kg)	7140
Granatarten	Spr-Gs
Index des Geschosses	961
Basisfahrzeug	ZIL 157
Bedienung	5

Auf Befehl 106/62 des Ministers für Nationale Verteidigung wurde ab 1962 der Geschosswerfer BM-24 in die Artillerieregimenter der MSD eingeführt. Zum Bestand des AR gehörte eine Geschosswerferbatterie mit sechs Werfern. Mit dem Geschosswerfer konnten drallstabilisierte, reaktive 240-mm Sprenggeschosse mit Kopfzünder verschossen werden. Dabei kamen das Geschoss M-24F für Entfernungen bis 7000 m und das Geschoss M-24FUD bis 11.000 m zum Einsatz. Durch unterschiedliche Brenndauern der Triebwerke und verschiedene Neigungswinkel des Geschossrahmens konnten die verschiedenen Reichweiten realisiert werden. Die zwölf Geschosse einer Salve wurden innerhalb von sechs bis acht Sekunden abgefeuert.

Der Werfer war innerhalb von zwei Minuten feuerbereit. Das Abfeuern der Geschosse erfolgte direkt aus dem Fahrerhaus oder von einer bis zu 80 m entfernten Deckung. Die Bedienung nutzte zum Laden des Werfers beim Transport der Geschosse zwei Tragzangen sowie eine Ladebahn. Zwei Spindelstützen dienten der Entlastung des Werfers, Panzerplatten schützten das Fahrerhaus und den Kraftstoffbehälter im Feuerkampf. Mit einer Batterie konnte eine Zielfläche von bis zu zwölf Hektar bekämpft werden.

Der Geschosswerfer BM-24 mit zwölf Geschossrahmen für die 240-mm Sprenggeschosse.

30-mm auto-matischer GW AGS-17

Der 30-mm automatische Granatwerfer AGS-17 sollte als automatische Waffe lebende Kräfte und nicht gepanzerte Ziele in offenen Stellungen und Deckungen bekämpfen. Sein Einsatz war für mot. Schützeneinheiten geplant, die mit SPW ausgerüstet waren. Aus dem Werfer wurden Splittergranatpatronen verschossen. Der Radius mit tödlicher Splitterwirkung betrug sieben Meter. Der Kampfsatz eines Werfers umfasste 300 Granaten, die zum Teil in Gurtkästen zu je 29 Granaten transportiert wurden. Das Füllen der Patronengurte erfolgte per Hand oder mit Hilfe einer Gurtfüllvorrichtung.

Das Schießen war im direkten, halbdirekten oder im indirekten Richten auf Punkt- oder Flächenziele möglich. Dazu konnte der Werfer mit Einzelfeuer, kurzen Feuerstößen (bis fünf Schuss), langen Feuerstößen (bis zehn Schuss) oder Dauerfeuer schießen. Zur Bedienung gehörten der Werferführer, der Richt- und der Ladeschütze. Mit dem Werfer wurde in den Anschlagarten liegend, kniend, sitzend oder stehend geschossen. Beim Nachteinsatz konnte die Strichplatte des Richtaufsatzes beleuchtet werden.

Typ	Granatwerfer
Einsatzebene	Bataillon
Index der Waffe	6G11
Kaliber (mm)	30
Maximale Schussentfernung (m)	1700
Anfangsgeschw. Granate (m/s)	185
Feuergeschwindigkeit Einzelfeuer (Schuss/min)	50–100
Feuergeschwindigkeit Dauerfeuer (Schuss/min	350–400
Erhöhungswinkel max. (Grad)	14
Neigungswinkel max. (Grad)	2
Seitenschwenkbereich (Grad)	4
Richtaufsatz	PAG-17
Masse Gefechtslage (kg)	31
Masse Granatpatrone (kg)	0,35
Kampfsatz komplett	300
Fassungsvermögen des Gurtkastens	29
Granatarten	Spl-G
Index der Granatpatrone	WOG-17
Bedienung	3

Der Granatwerfer AGS-17 mit Richtaufsatz PAG-17 in Gefechtslage.

82-mm GW 37/41

Der 82-mm Granatwerfer gehörte ursprünglich zur Bataillonsartillerie.

Zum Werfer gehörten das Rohr, ein Zweibein, die Bodenplatte, der Richtaufsatz, die Munition und das Zubehör. Zum Transport des kompletten Werfers führte die NVA ab 1961 einen 82-mm Granatwerferkarren ein, entwickelt und hergestellt im Reparaturwerk Doberlug. Den 82-mm Granatwerfer gab es in der NVA in den Modellen 37 und 41, die sich hauptsächlich in ihrem Zweibein mit Höhenrichtantrieb und im verwendeten Richtaufsatz unterschieden. Alle Modelle der 82-mm Granatwerfer verfügten über die gleichen ballistischen Eigenschaften. Für sie wurden gleiche Arten von Wurfgranaten

Typ	Granatwerfer
Einführungszeitraum	ab 1950
Einsatzebene	Bataillon
Kaliber (mm)	82
Maximale Schussentfernung (m)	3040
Anfangsgeschw. Granate (m/s)	211
Feuergeschwindigkeit (Schuss/min)	25
Erhöhungswinkel max. (Grad)	85
Seitenschwenkbereich (Grad)	10
Richtaufsatz	MP-41, MP-42 oder MPM-44
Masse Gefechtslage (kg)	56
Masse Marschlage (kg)	156
Kampfsatz	120
Granatarten	Spl-WG
Index der Wurfgranaten	832
Zugmittel	LO 1800A, LO 2002A
Bedienung	5

und Ladungen verwendet. Die ersten Granatwerfer Modell 37 erhielt die HVA 1950. Bis 1952 war der Bestand auf den Höchststand von 1052 angewachsen.

1957 verfügte die NVA immer noch über 961 Werfer. Diese waren auf Grund fehlender 120-mm GW als Ersatzbewaffnung in den Einheiten der Regimentsartillerie integriert. Mit der Aussonderung dieser 82-mm Werfer konnten die Einheiten der Kampfgruppen der DDR ausgerüstet werden. Zum Kampfsatz gehörten 120 Stück 82-mm Splitter-Wurfgranaten. Er bestand aus 6-flügrigen 82-mm Splitter-Wurfgranaten O-832 oder 10-flügrigen 82-mm Splitter-Wurfgranaten O-832D. Es konnten zusätzlich 6-flügrige 82-mm Nebelwurfgranaten D-832 verschossen werden. Ab 1963 wurde der Kampfsatz um die 82-mm Fallschirmleucht-Wurfgranate zur Beleuchtung des Gefechtsfeldes erweitert.

Der 82-mm Granatwerfer Modell 41, das Zweibein verfügt über einen Höhenrichtantrieb.

120-mm GW 38/43

Der 120-mm Granatwerfer gehörte ursprünglich zur Regimentsartillerie. Er vernichtete lebende Kräfte und Feuermittel in Gräben und leichten Deckungen, zerstörte Feldverteidigungsanlagen, bekämpfte Artillerie und Granatwerfer des Gegners und schaffte Gassen in Minenfeldern. Das Blenden des Gegners, besonders seiner Beobachtungsstellen, durch das Setzen von Nebelwänden und das Schaffen von Bränden erweiterten sein Aufgabenspektrum.

Die ersten Granatwerfer Modell 38 erhielt die HVA 1950, sie wurden noch ohne Fahrgestell geliefert. Bis 1953 war der Bestand auf 276 angestiegen. In der NVA wurde der 120-mm Werfer anfänglich auch in der Divisionsartillerie eingesetzt.

Der 120-mm Granatwerfer Modell 43 war der verbesserte Granatwerfer Modell 38. Beide hatten die gleichen ballistischen Eigenschaften. Sie unterschieden sich nur in der Konstruktion einzelner Teile, die eine größere Festigkeit und bessere Handhabung gewährleisteten.

Der Granatwerfer wurde auf dem Fahrgestell 38 an ein Kfz angehängt. Das Fahrgestell diente dem Transport des Werfers und seines EWZ. Anfang der 80er Jahre erhielten die GW ein neues Fahrgestell, eine Version des Standard-Einachs-Fahrgestells.

Die 120-mm Wurfgranaten wurden mit einer Grundladung im Schaft des Stabilisators und mindestens einer von sechs Zusatzladungen verschossen.

Typ	Granatwerfer
Einführungszeitraum	ab 1950
Einsatzebene	Regiment
Kaliber (mm)	120
Maximale Schussentfernung (m)	5700
Anfangsgeschw. Granate (m/s)	272
Feuergeschw. (Schuss/min)	15
Marschgeschwindigkeit (km/h)	85
Erhöhungswinkel max. (Grad)	80
Seitenschwenkbereich (Grad)	8
Richtaufsatz	MP-41, MP-42 oder MPM-44
Länge in Marschlage (mm)	2480
Breite (mm)	1650
Spurweite (mm)	1420
Bodenfreiheit (mm)	340
Masse Gefechtslage (kg)	275
Masse Marschlage mit Fahrgestell 38 (kg)	500
Masse Marschlage mit SEFG (kg)	600
Kampfsatz	80
Granatarten	Spl-WG
Index der Granate	843
Zugmittel	Granit 27D/Zg, LO 1800A
Bedienung	5

Der 120-mm GW Modell 43 in Transportlage auf dem Standard-Einachs-Fahrgestell.

120-mm GW 2B11

Der 120-mm Granatwerfer 2B11 löste ab 1987 die letzten 82-mm Granatwerfer in den MSR ab. Der Import dieses 120-mm Werfers war notwendig geworden, da die Einfuhr einer 120-mm Granatwerfer-SFL auf Basis des MT-LB nicht rechtzeitig realisiert werden konnte. Wie auch beim 120-mm GW Modell 38/43 wurde für den Transport des GW ein gefedertes Zweirad-Fahrgestell verwendet. Der Transport des kompletten Werfers 2B11 erfolgte hauptsächlich auf der Ladefläche eines geländegängigen Lkw LO 2002A. Dazu musste die Rückklappe des Lkw mit zwei Metallschienen ausgerüstet werden, über die der Werfer auf die Ladefläche gezogen werden konnte. Über kurze Entfernungen und bei geringer Geschwindigkeit konnte der Werfer auch im Zugbetrieb befördert werden. Da der Werferkarren nicht über Beleuchtungselemente für den Straßenverkehr verfügte, war ein Transport auf öffentlichen Straßen nicht erlaubt. Eine zinnen-

Typ	Granatwerfer
Einführungszeitraum	ab 1987
Einsatzebene	Bataillon
Kaliber (mm)	120
Maximale Schussentfernung (m)	7100
Anfangsgeschw. Granate (m/s)	325
Feuergeschw. (Schuss/min)	15
Marschgeschwindigkeit (km/h)	60
Erhöhungswinkel max. (Grad)	80
Seitenschwenkbereich (Grad)	10
Richtaufsatz	MPM-44M
Masse Gefechtslage (kg)	210
Masse Marschlage (kg)	297
Kampfsatz	120
Granatarten	Spl-Spr-WG
Index der Wurfgranaten	843, 30F-34
Zugmittel	LO 2002A
Bedienung	5

förmige Ladesicherung war ein markanter Unterschied zum Vorgängermodell. Mit dieser Sicherung wurde ein versehentliches Nachladen des Werfers verhindert, wenn sich im Rohr noch eine Wurfgranate befand. Eine weitere Besonderheit des neuen Werfers, er konnte auch mit nicht abgetrenntem Fahrgestell schießen.

Der 120-mm GW 2B11 in Gefechtsstellung, das Fahrgestell wurde nicht abgetrennt.

73-mm PzBü SPG-9

Ab 1967 wurden die Panzerabwehrzüge der MSB mit der 73-mm schweren Panzerbüchse SPG-9 ausgerüstet. Sie löste die bis dahin vorhandene 57-mm Pak 43 ab. Die Panzerbüchse war ein rückstoßfreies Geschütz mit Dreibeinlafette und glattem Rohr. Mit ihr wurden flügelstabilisierte Hohlladungsgranaten zur Bekämpfung von gepanzerten Zielen verschossen. Zur Waffe gehörte ein mechanisches Visier, das aus Klappkorn und Klappvisier bestand. Mit dem optischen Visier PGO-9, das über eine Nachtbeleuchtung verfügte, konnten Entfernungen bestimmt, Winkel gemessen und Ziele anvisiert werden. Bei der ab 1976 eingeführten und verbesserten Version SPG-9M kam der Richtaufsatz PGOK-9 zum Einsatz. Dadurch war es möglich, mit der Panzerbüchse auch im indirekten Richten zu schießen. Bei der dritten Version, der SPG-9MN1, kam für das Schießen im direkten Richten bei Nacht das Nachtsichtgerät PGN-9M in die Ausrüstung. Gleichzeitig wurde eine Splittergranate zum Kampf gegen

Typ	SPG-9
Einführungszeitraum	1967
Einsatzebene	Bataillon
Kaliber (mm)	73
Rohrlänge (mm)	2110
Entfernung des direkten Schusses (m)	800
Maximale Schussentfernung HL (m)	1300
Maximale Schussentfernung SplG (m)	4500
Anfangsgeschwindigkeit Granate (m/s)	435
Feuergeschwindigkeit (Schuss/min)	6
Erhöhungswinkel max. (Grad)	25
Neigungswinkel max. (Grad)	3
Seitenschwenkbereich (Grad)	30
Mechanisches Visier	ja
Optisches Visier	PGO-9
Länge in Marschlage (mm)	2110
Breite (mm)	990
Höhe (mm)	800
Masse Gefechtslage (kg)	59,5
Masse Marschlage (kg)	47,5
Kampfsatz	60
Granatarten	HL, SplG
Index der Granaten	PG-9, OG-9
Bedienung	3

Truppen und Waffen außerhalb von Deckungen in den Kampfsatz aufgenommen.

Die letzte Version des SPG-9, das SPG-9MN1 mit Nachtsichtgerät.

73-mm PzBü SPG-9D

Neben der Normalversion der Panzerbüchse SPG-9 mit Dreibeinlafette kam auch die 73-mm schwere Panzerbüchse SPG-9D mit Fahrwerk in den Panzerabwehrzügen der MSB zum Einsatz. Das Fahrwerk erleichterte den Transport der Waffe im Mannschaftszug. Es bestand aus einer einfachen, starren Achse mit Rädern und einer Rohrschelle. Mit Hilfe der Rohrschelle konnte das Fahrwerk direkt am Wangenschutz, einem Teil des Rohres, angebaut werden. Bei der Version SPG-9DM kam an Stelle des mechanischen Klappvisiers und des optischen Visiers PGO-9 der Richtaufsatz PGOK-9 zum Schießen im direkten und im indirekten Richten zum Einsatz. Das Fahrwerk wurde konstruktiv verändert und direkt am hinteren Teil des Dreibeins befestigt. Mit der Version SPG-9DMN1 kam das Nachtsichtgerät PGN-9M zum Schießen im direkten Richten bei Nacht in die Ausrüstung. Während die SPG-9D nur die Hohlladungsgranate PG-9 verschoss, konnten die beiden Nachfolgemodelle auch die Splittergranate OG-9 verschießen.

Typ	SPG-9DMN1
Einführungszeitraum	1967
Einsatzebene	Bataillon
Kaliber (mm)	73
Rohrlänge (mm)	2110
Entfernung des direkten Schusses (m)	800
Maximale Schussentfernung HL (m)	1300
Maximale Schussentfernung SplG (m)	4500
Anfangsgeschwindigkeit Granate (m/s)	435
Feuergeschwindigkeit (Schuss/min)	6
Erhöhungswinkel max. (Grad)	25
Neigungswinkel max. (Grad)	3
Seitenschwenkbereich (Grad)	30
Mechanisches Visier	ja
Optisches Visier	PGO-9
Richtaufsatz	PGOK-9
Nachtsichtgerät	PGN-9M
Länge in Marschlage (mm)	2110
Breite (mm)	1055
Höhe (mm)	895
Masse Gefechtslage (kg)	69,9
Masse Marschlage (kg)	85,5
Kampfsatz	60
Granatarten	HL, SplG
Index der Granaten	PG-9, OG-9
Bedienung	3

Das SPG-9DM mit dem Richtaufsatz PGOK-9. Zum Schießen konnte das Fahrwerk abgenommen werden.

73-mm PzBü SPG-9MN1 auf Kfz

Die Einführung der 73-mm schweren Panzerbüchse SPG-9MN1 mit Speziallafette auf geländegängigem Pkw UAZ 469 erfolgte ab 1986 in Einheiten des Luftsturmregimentes der Landstreitkräfte sowie in Einheiten der Grenztruppen der DDR. Durch die Nutzung des Pkw UAZ 469 als Basisfahrzeug konnte eine hohe Beweglichkeit und die Durchführung von schnellen Manövern in allen Gefechtsarten bei Tag und Nacht realisiert werden. Am Basisfahrzeug wurden verschiedene Änderungen vorgenommen, die den optimalen Einsatz der Panzerbüchse ermöglichten. Auffälligste Neuerung waren die mit Scharnieren versehenen abklappbaren Türaufsätze und die um 30 Grad nach oben gedrehten Türklinken. Im hinteren Bereich des Pkw befand sich eine Bodenplatte zur Aufnahme des Standrohres der Speziallafette. Weiterhin konnte die Frontscheibe abgeklappt werden, das Heck erhielt eine abklappbare Heckklappe mit einer Reserveradaufhängung.

Typ	Panzer-büchse
Einführungszeitraum	1986
Einsatzebene	LSR, GT der DDR
Kaliber (mm)	73
Rohrlänge (mm)	2110
Entfernung des direkten Schusses (m)	800
Maximale Schussentfernung HL (m)	1300
Maximale Schussentfernung SplG (m)	4900
Anfangsgeschwindigkeit Granate (m/s)	435
Feuergeschwindigkeit (Schuss/min)	6
Erhöhungswinkel max. (Grad)	15
Neigungswinkel max. (Grad)	15
Seitenschwenkbereich (Grad)	250–315
Mechanisches Visier	ja
Optisches Visier	PGO-9
Richtaufsatz	PGOK-9
Nachtsichtgerät	PGN-9M
Höhe Mündungswaagerechte über Ladefläche des Basisfahrzeuges (mm)	1100
Masse Gefechtslage (kg)	62
Masse Granatkiste mit 6 Granaten (kg)	48
Gefechtsmasse mit Basisfahrzeug (kg)	2290
Kampfsatz	30
Granatarten	HL, SplG
Index der Granaten	PG-9, OG-9
Bedienung	3

Wenig bekannt war der Einsatz des SPG-9MN1 auf Spezial-Kfz bei den Kampfgruppen. Hier war das veränderte Basisfahrzeug UAZ 469 genutzt worden. Die Türklinken wurden um 30 Grad nach oben verdreht, auf den Kotflügeln befanden sich Zusatzspiegel für den Fahrer und an den Unterseiten der Türen Halterungen für die abzuklappenden (hier fehlenden) Fenster.

82-mm PzBü SPG-82

Typ	Panzer-.büchse
Einsatzebene	Bataillon
Kaliber (mm)	82
Entfernung des direkten Schusses (m)	200
Maximale Schussentfernung (m)	700
Feuergeschwindigkeit (Schuss/min)	5–6
Masse Gefechtslage (kg)	38
Kampfsatz an der Waffe	6
Granatarten	HL, SplG
Index der Granaten	PG-82, OG-82
Bedienung	3

Bisher ist ein Foto aus der Waffenkammer einer Kompanie der Grenzpolizei der einzige Beweis für die Existenz dieser Waffe in militärischen Einheiten der DDR. In der »Übersicht über den Bestand und die Einsatzbereitschaft der Bewaffnung der Einheiten der KVP – Stichtag 26.02.1955« – ist der Sollbestand für den »Geschossgranatwerfer SG 82« mit 156 angegeben, der Istbestand ist dagegen mit Null ausgewiesen. Es gibt aber auch glaubwürdige Erinnerungen ehemaliger KVP / NVA-Angehöriger, die das Vorhandensein dieser Waffe in den Streitkräften der DDR bestätigten. 1950 übernahm die sowjetische Armee die 82-mm schwere Panzerbüchse SPG-82 (stankowowo protivotankowo granatometa – schwerer Panzerabwehr-Granatwerfer) in ihre Bewaffnung. Mit ihr wurden die reaktive, kumulative Panzerabwehrgranate PG-82 und die Splittergranate OG-82 verschossen.

Die schwere Panzerbüchse SPG-82 in Gefechtslage mit Schutzschild und Fahrwerk.

82-mm PzBü T-21 »TARASNICE«

Typ	Panzer-büchse
Einsatzebene	Bataillon
Kaliber (mm)	82
Entfernung des direkten Schusses (m)	600
Maximale Schussentfernung (m)	2800
Anfangsgeschwindigkeit Granate (m/s)	250
Feuergeschwindigkeit (Schuss/min)	5–6
Länge in Marschlage (mm)	1475
Feuerhöhe (mm)	275
Masse Gefechtslage (kg)	20
Durchschlagsleistung (mm)	230
Bedienung	2

Am 01.11.1957 übergab die NVA 24 »Geschosswerfer T-21« an das Ministerium des Inneren. Das ist die bisher einzige Information zur Existenz dieser Waffe in den Streitkräften der DDR. Bei diesem Geschosswerfer handelte es sich um eine Waffe aus der ČSSR, die eigentlich 82-mm Panzerbüchse »TARASNICE« T-21 hieß. Mit der Einführung modernerer Waffen ähnlicher Bauart wurde diese Panzerbüchse an andere Organe abgegeben. Mit dieser während der 50er Jahre entwickelten Waffe konnte ein wirksames, universell einsetzbares Panzer-abwehrmittel für die Nahdistanz zur Verfügung gestellt werden. Mit zwei leichten, mühelos abnehmbaren Rädern ausgerüstet, war schneller Stellungswechsel, aber auch der Transport auf Fahrzeugen möglich.

Zwei Mann wurden für Bedienung und Transport der Waffe und der Munition eingesetzt. Geschossen wurde vor allem in liegender Stellung. Da die Waffe relativ wenig wog, konnte man sie jedoch auch auf die Schulter legen und schießen. Die reaktive Panzerbüchse funktionierte wie ein rückstoßfreies Geschütz, es wurde von hinten geladen. Die Munition bestand aus Geschoss und Treibladung. Zur Ausrüstung gehörten ein mechanisches und ein optisches Visier.

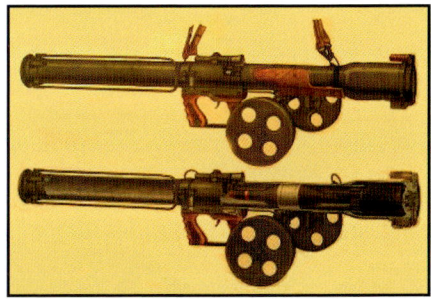

Die Schnittdarstellung zeigt den unkomplizierten Aufbau der Panzerbüchse.

Die 82-mm Panzerbüchse T-21 in Gefechtslage bei den tschechoslowakischen Streitkräften.

82-mm RG B-10

Um die Möglichkeit der Panzerabwehr in den mot. Schützenbataillonen zu verbessern und damit auf die wachsende Anzahl von Kampfpanzern und gepanzerten Fahrzeugen auf dem Gefechtsfeld zu reagieren, führte die NVA ab 1957 das 82-mm rückstoßfreie Geschütz B-10 ein. Dieses wurde in die Begleitbatterien der mot. Schützenbataillone integriert. Diese Geschütze waren in ihrer Konstruktion und Bedienung einfach und besaßen durch den Einsatz von Hohlladungsgranaten eine große Durchschlagskraft. Negativ wirkten sich die geringe Schussentfernung im direkten Richten und die demaskierende Wirkung der nach hinten ausströmenden Pulvergase auf den Einsatz der Waffe aus.

Das Glattrohr-Geschütz blieb beim Abschuss unbeweglich, da ein Teil der Pulvergase durch die Düsenöffnungen am Rohrende nach hinten ausströmten und somit die Rückstoßkraft ausglichen. Auf große Entfernungen wurden Geschütz, EWZ und Munition mit Fahrzeugen transportiert. Auf kurzen Strecken konnte das Geschütz auf Rädern im Mannschaftszug durch die Bedienung gezogen werden. Mit der Einfüh-

rung effektiverer Waffen gab die NVA diese Geschütze an das Mdl ab.

Typ	rückstoßfreies Geschütz
Einführungszeitraum	ab 1957
Einsatzebene	Bataillon
Kaliber (mm)	82
Entfernung des direkten Schusses (m)	390
Maximale Schussentfernung (m)	4470
Anfangsgeschw. Granate (m/s)	322
Feuergeschw. (Schuss/min)	5–6
Erhöhungswinkel max. (Grad)	30
Neigungswinkel max. (Grad)	20
Seitenschwenkbereich (Grad)	360
Mechanisches Visier	ja
Richtaufsatz	PBO-2
Länge in Marschlage (mm)	1910
Breite (mm)	714
Höhe der Mündungswaagerechten (mm)	850
Masse Gefechtslage (kg)	86
Gewicht der Wurfgranate (kg)	3,89
Granatarten	HL-WG, Spl-WG
Index der Granaten	MK-10, MO-10
Kampfsatz	120
Bedienung	4

Das 82-mm RG B-10 in Gefechtslage mit mechanischem Visier.

107-mm RG B-11

Das 107-mm rückstoßfreie Geschütz war eine Waffe mit glattem Rohr. Es arbeitete rückstoßfrei, da beim Abschuss ein Teil der Pulvergase durch den Verschluss nach hinten austraten und so den Rückstoß der Waffe kompensierten. Das Geschütz konnte, an ein Kfz angehängt, transportiert werden. Auf kurze Entfernungen oder beim Stellungswechsel wurde das Geschütz im Mannschaftszug von der Bedienung bewegt. Es bestand zudem die Möglichkeit, das schnell zu demontierende Geschütz durch die Bedienung zu tragen. Geplant war der Einsatz von je vier Geschützen in den RG-Batterien der MSR. Dazu wurden 1957 die ersten 40 RG in die Einheiten der NVA eingeführt. Die Zieleinrichtung bestand aus dem Richtaufsatz mit Nachtbeleuchtung und dem Grobvisier. Der Richtaufsatz verfügte über einen Verkantungstrieb, mit dem die Neigung des Schildzapfens ausgeglichen wurde. Verschossen wurden flügelstabilisierte Hohlladungs- und Splitter-Spreng-Wurfgranaten. Das vollständige Geschoss bestand aus der Granate mit Stabilisierungseinrichtung, dem Zünder, dem Ladungshalter, der Grundladung, der Schlagzündschraube und der Zusatzladung.

Typ	rückstoßfreies Geschütz
Einführungszeitraum	ab 1957
Einsatzebene	Regiment
Kaliber (mm)	107
Entfernung des direkten Schusses (m)	540
Maximale Schussentfernung (m)	6650
Anfangsgeschw. Granate (m/s)	400
Feuergeschw. (Schuss/min)	4–5
Marschgeschwindigkeit (km/h)	50–60
Erhöhungswinkel max. (Grad)	45
Neigungswinkel max. (Grad)	10
Seitenschwenkbereich (Grad)	35
Mechanisches Visier	ja
Richtaufsatz	PBO-4
Länge in Marschlage (mm)	3560
Breite (mm)	1450
Höhe in Marschlage (mm)	900
Spurweite (mm)	1250
Bodenfreiheit (mm)	320
Masse Gefechtslage (kg)	305
Kampfsatz	80
Granatarten	HL-WG, Spl-Spr-WG
Index der Granaten	MK-11, MO-11
Zugmittel	Granit 27D/Zg, Garant 30K
Bedienung	5

Das RG wurde hauptsächlich mit einem Lkw gezogen. Dazu befand sich direkt am Rohr eine Zugöse.

12,7-mm Fla-MG DSchK

Das 12,7-mm überschwere MG DschK Modell 38 und seine Weiterentwicklung, das Modell 38/46, kamen ab 1952 in die S5-MG-Kompanien der KVP. Es war eine der wenigen Waffen, die von der Gründung der NVA 1956 bis zu ihrer Auflösung 1990 verwendet wurden. Die Waffe kam als gezogenes MG mit Fahrwerk und als Fla-MG mit Universallafette und Fliegervisier in den sMG-Kompanien der MSB zum Einsatz. Das MG auf Speziallafette fand zusätzlich als Fla-MG bei verschiedenen Panzern Verwendung. Das 12,7-mm Fla-MG DSchK war eine automatische Waffe mit Gasdrucklader und Stützklappenverschluss. Die Patronenzu-

Typ	Fla-MG
Einführungszeitraum	ab 1952
Einsatzebene	MG-Kompanie, Panzer
Kaliber (mm)	12,7
Lauflänge mit Mündungsbremse (mm)	1069
Maximale Schussentfernung (m)	7000
Anfangsgeschw. Patrone (m/s)	850
Feuergeschwindigkeit theoretisch (Schuss/min)	560–600
Feuergeschwindigkeit praktisch (Schuss/min)	80
Mechanisches Visier	ja
Fliegervisier	Modell 1938, 1941, 1943
Reflexvisier	K8-T, K10-T
Länge in Marschlage (mm)	2328
Breite (mm)	708
Höhe mit Schutzschild (mm)	965
Masse Gefechtslage (kg)	157
Masse Marschlage (kg)	152,5
Anzahl Patronen je Gurt	50
Kampfsatz	500
Munition	Pzbg, Pzbg mit LS
Index der Patronen	B-32GL, BST-GL
Transportmittel	Granit
Bedienung	4

Das 12,7-mm Fla-MG DSchK Modell 38/46 mit Fliegervisier 41.

führung erfolgte über Metallgurte. Der Patronenzuführer war so ausgelegt, dass die Munition von links oder rechts zugeführt werden konnte. Der Charakter des Zieles bestimmte die Feuerart des Schießens. Es konnten kurze (5 bis 10 Schuss) oder lange (15 bis 20 Schuss) Feuerstöße beziehungsweise Dauerfeuer geschossen werden. Veränderungen am Lauf, am Bodenstück und am Zuführer kennzeichneten die Version Modell 38/46. Auffälliges Unterscheidungsmerkmal war die neue Mündungsbremse. Beim Schießen auf Luftziele wurde das MG auf eine spezielle Lafette aufgesetzt und zum Anrichten der Ziele ein Fliegervisier genutzt. Beim Schießen vom Panzer aus kamen Reflexvisiere oder Rahmenvisiere zum Einsatz.

14,5-mm Fla-MG SPU-2

Ab 1956 wurde in der NVA begonnen, das 12,7-mm Fla-MG durch das 14,5-mm Fla-MG in den MSB und Fla-MG Batterien der MSR und PR auszutauschen. Damit erhielten die Fla-MG Einheiten wirksamere Waffen mit hoher Schussfolge, höherer Trefferwahrscheinlichkeit sowie größerer Manövrierfähigkeit. Sie wurden zur Deckung der eigenen Kräfte gegen Luftziele in geringen Höhen, besonders gegen tiefliegende Flugzeuge, eingesetzt. Jeweils zwei 14,5-mm Fla-MG kamen in den Fla-MG Zügen der MSB zum Einsatz. Für das Fla-MG SPU-2 wurden zwei 14,5-mm überschwere MG vom Typ KPWT genutzt. Das MG KPWT war ein automatischer Rückstoßlader mit Drehverschluss und Gurtzuführung. Die Abzugseinrichtung gestattete nur Dauerfeuer. Da der vom Schießen erwärmte Lauf schnell und leicht ausgewechselt wurde, konnte mit dem MG längere Zeit geschossen werden. Zum In-Stellung-Bringen des SPU-2 mussten die Achsen der Räder nach oben geklappt werden, sodass der Sockel der Waffe auf der Erde auflag. Die Abfeuerungseinrichtung wirkte gleichzeitig auf beide MG. Zur genauen Einhaltung der Schusssektoren war das Fla-MG mit Begrenzern ausgerüstet. Nachdem das Fla-MG SPU-2 durch moderne Fliegerabwehrkanonen ersetzt worden war, übernahmen die Verbände der Kampfgruppen der DDR einen Teil der MG.

Typ	Fla-MG
Einführungszeitraum	ab 1956
Einsatzebene	Bataillon
Kaliber (mm)	14,5
Anzahl der Waffen	2
Länge eines MG (mm)	2000
Visierschussweite (m)	2000
Anfangsgeschw. Patrone (m/s)	1000
Feuergeschwindigkeit theoretisch (Schuss/min)	1100
Feuergeschw. prakt. (Schuss/min)	300
Erhöhungswinkel max. (Grad)	90
Neigungswinkel max. (Grad)	15
Seitenschwenkbereich (Grad)	360
Länge in Marschlage (mm)	3900
Breite (mm)	1664
Höhe in Gefechtslage (mm)	1100
Höhe in Marschlage (mm)	1500
Masse Gefechtslage (kg)	660
Masse Marschlage (kg)	670
Bodenfreiheit (mm)	270
Spurbreite (mm)	1480
Anzahl Patronen je Gurt	300
Kampfsatz	2400
Munition	Pzbg, Pzbg mit LS, Bg
Index der Patronen	B-32, BST, SP
Zugmittel	LO 1800A
Bedienung	6

Das 14,5-mm Fla-MG SPU-2 musste von zwei Ladekanonieren geladen werden.

14,5-mm Fla-MG SPU-4

Typ	Fla-MG
Einführungszeitraum	ab 1956
Einsatzebene	Regiment
Kaliber (mm)	14,5
Anzahl der Waffen	4
Länge eines MG (mm)	2000
Visierschussweite (m)	2000
Anfangsgeschw. Patrone (m/s)	1000
Feuergeschwindigkeit theoretisch (Schuss/min)	2200
Feuergeschwindigkeit praktisch (Schuss/min)	600
Erhöhungswinkel max. (Grad)	90
Neigungswinkel max. (Grad)	10
Seitenschwenkbereich (Grad)	360
Automatisches Visier	ja
Länge in Marschlage (mm)	4530
Breite (mm)	2700
Höhe in Gefechtslage (mm)	1830
Höhe in Marschlage (mm)	2125
Gesamtgewicht (kg)	2100
Bodenfreiheit (mm)	390
Anzahl Patronen je Gurt	150
Kampfsatz	4800
Munition	Pzbg, Pzbg mit LS, Bg
Index der Patronen	B-32, BST, SP
Zugmittel	LO 1800A, G5
Bedienung	6

Mit dem 14,5-mm Fla-MG SPU-4 konnten Luftziele bis 2000 m, leicht gepanzerte und ungepanzerte Erdziele bis 1000 m bekämpft werden. Die Patronenzuführung erfolgte durch Metallgurte zu je 150 Patronen. Als Unterlafette kam eine einfach bereifte Kreuzlafette mit Einzelradfederung zum Einsatz. Die vordere Achse war lenkbar, die Bereifung mit Schwammgummi gefüllt. Beide Achsen waren Kippachsen, die beim in Stellung gehen hochgeklappt wurden, sodass die Unterlafette auf vier Horizontierungstellern aufgesetzt wurde.

Durch Visier- und Richtschützen mussten die Ziele angerichtet werden. Über ein Fußpedal wurde die Waffe abgefeuert. Die vier MG vom Typ KPWT waren paarweise an der Wiege rechts und links vom Wiegenträger übereinander befestigt. Jedes MG musste einzeln geladen werden, sodass zwei Ladeschützen erforderlich waren. Das MG SPU-4 konnte nur im direkten Richten schießen, das Ziel musste also zu sehen sein. Jeweils vier Waffen kamen in den Fla-MG-Batterien der Regimenter zum Einsatz.

Bei diesem 14,5-mm Fla-MG SPU-4 sind die vier Horizontierungsteller abgeklappt.

23-mm Flak ZU-23

Im Dezember 1964 begann die Umrüstung der 14,5-mm Fla-MG-Batterien der MSR zu 23-mm Flak-Batterien. Mit dieser Maßnahme verbesserte sich die Wirksamkeit der Bekämpfung des Luftgegners in den MSR vor allem gegen tieffliegende Ziele. Die 23-mm Flak ZU-23 war eine Zwillingskanone, die durch die kurzen Normzeiten zur Herstellung der Gefechtsbereitschaft wirksam gegen überraschend auftauchende und schnell fliegende Ziele eingesetzt werden konnte. Die hohe Durchschlagskraft der Panzerbrand-Granatpatronen und die große Wirkung der Splittersspreng-Brandgranatpatronen zeichneten dieses Geschütz aus. Da beide Waffen nebeneinander auf der Wiege befestigt waren, erfolgte die Munitionszuführung von rechts und links. Bei den Kanonen handelte es sich um Gasdrucklader mit Gurtzuführung. Die Abfeuerungseinrichtung ermöglichte gleichzeitig aus beiden Waffen das Schießen von Feuerstößen oder Dauerfeuer.

Mit dem Flakvisier war die Bekämpfung von Luftzielen möglich, die bis zu 300 m/s schnell flogen. Dazu mussten der Kurs, die Geschwin-

Typ	Flak
Einführungszeitraum	ab 1964
Einsatzebene	Division
Kaliber (mm)	23
Rohrlänge (mm)	2010
Maximale Schussentfernung (m)	2500
Anfangsgeschw. Granate (m/s)	970
Feuergeschwindigkeit praktisch (Schuss/min)	400
Marschgeschwindigkeit (km/h)	70
Erhöhungswinkel max. (Grad)	90
Neigungswinkel max. (Grad)	10
Seitenschwenkbereich (Grad)	360
Flak-Visier	ZAP-23
Reflexvisier	KW-L
Erdzielfernrohr	T-3
Länge in Marschlage (mm)	4620
Breite (mm)	1870
Höhe (mm)	1940
Spurweite (mm)	1690
Bodenfreiheit (mm)	360
Länge in Gefechtslage (mm)	4632
Masse Marschlage (kg)	950
Kampfsatz	1200
Granatarten	Sprl-SprBrG, PzbG
Index der Granaten	OFS, BST
Zugmittel	LO 1800A, LO 2002A
Bedienung	6

Die 23-mm Flak ZU-23 in Marschlage.

digkeit und die Entfernung des Zieles am Flak-visier eingestellt werden. Beim In-Stellung-Bringen des Geschützes mussten die Räder nach oben und zur Seite gekippt werden. Damit stand das Geschütz mit den Horizontierungstellern auf dem Boden. In Ausnahmefällen konnte auch aus der Marschlage, angehängt am Zug-mittel, geschossen werden. 1988 unternahm die Panzerwerkstatt 2 in Großenhain einen Versuch, die 23-mm Flak im Kampfraum eines SPW 152W1 unterzubringen.

Dieses fahrbare Flak-System sollte den Einheiten der Kampfgruppen als Objektschutz zugeführt werden.

Bei den Kampfgruppen wurde die Flak mit einem Lkw LO 2002A gezogen.

Die Lafette der 23-mm Flak wurde im Kampfraum des SPW 152W1 installiert.

37-mm Flak 61-K Modell 39

Die Entwicklung der 37-mm Flak 61-K Modell 39 begann im Oktober 1938. Die ersten 15 Geschütze wurden 1939 gefertigt. Im gleichen Jahr wurde die Waffe unter der Bezeichnung »37-mm automatische Flugabwehrkanone 61-K Modell 39« in die rote Armee eingeführt. Gefertigt wurde das Geschütz von 1939 bis 1946 mit einer Gesamtzahl von rund 17.000 Stück. Die KVP erhielt die ersten Geschütze im Juni, weitere im Oktober 1952, zuzüglich acht Lehrwaffen. Weitere Geschütze wurden Mitte 1953 zugeführt. Auch die VP-See wurde 1953 mit 23 Geschützen ausgerüstet.

Typ	Flak
Einführungszeitraum	ab 1952
Einsatzebene	Regiment
Kaliber (mm)	37
Rohrlänge (mm)	2729
Maximale Schussweite (m)	4000
Feuergeschwindigkeit praktisch (Schuss/min)	170
Anfangsgeschwindigkeit (m/s)	980
Marschgeschwindigkeit (km/h)	60
Erhöhungswinkel max. (Grad)	85
Neigungswinkel max. (Grad)	5
Seitenschwenkbereich (Grad)	360
Visiereinrichtung	ja
Nachtbeleuchtungssatz	Swet-I
Länge in Marschlage (mm)	5500
Breite in Marschlage (mm)	1500
Höhe in Marschlage (mm)	2100
Breite in Gefechtslage (mm)	4750
Bodenfreiheit (mm)	360
Masse in Gefechtslage (kg)	2100
Kampfsatz	200
Granatarten	Spl-SprG, PG, UK
Index der Granaten	167
Zugmittel	G 5
Bedienung	8

Die 37-mm Flak in Gefechtsstellung.

Verschossen wurden Splitter-Sprenggranatpatronen mit Leuchtspur, Unterkaliber-Panzergranatpatrone und Panzergranatpatrone mit Leuchtspur (Index der Munition 167). Da diese Waffe über Geschützrichtstationen und Kommandogeräte nicht automatisch gerichtet werden konnte und den Anforderungen des modernen Luftkampfes nicht mehr genügte, war sie von Anfang an nur als Ersatzwaffe eingesetzt und hatte damit auch keine Chance, weiter im Bestand zu bleiben. Mit der Zuführung der 57-mm Flak wurde sie aus den Einheiten verdrängt. 80 Flak-Geschütze erhielten die Kampfgruppen der DDR.

57-mm Flak S-60

Mit der Aufstellung der Fla-Batterien, ausgerüstet mit der 57-mm Flak S-60, erhielten die FR der MSD/PD und die FR der LSK/LV ab 1957 ein wesentlich wirksameres Waffensystem, das mit Hilfe der Geschützrichtstation GRS-9 / -9A, dem Kommandogerät 6/60 und einer vorgeschalteten Rundblickstation auf Entfernungen von über 50 km den Luftgegner auffassen, identifizieren und die Parameter der Zielbewegung ermitteln konnte. Die von der Rundblickstation und der GRS ermittelten Koordinaten des Zieles gelangten zum Kommandogerät, das die notwendigen Vorhaltewinkel errechnete und auf Grundlage dieser Werte die Richtmechanismen der Geschütze automatisch und synchron betätigte. Die Flak S-60 war als Rückstoßlader mit starr verriegeltem Kolbenverschluss konzipiert. Als Unterlafette kam eine Kreuzlafette mit vier Horizontierungsspindeln zum Einsatz. Das Fahrwerk hatte eine Drehstabfederung, die Räder wurden mit Backenbremsen ausgestattet, die von Hand oder mit Druckluft gebremst wurden. Um das Geschütz schnell in Gefechtslage bringen zu können, erhielt die Unterlafette eine hydraulische Hebe- und Senkvorrichtung. Der elektrische Antrieb erlaubte ein genaues Richten nach Angaben des Kommandogerätes sowie

ein schnelles Suchen und Begleiten der Ziele beim Richten mit der Visiereinrichtung.

Typ	Flak
Einführungszeitraum	ab 1957
Einsatzebene	Division
Kaliber (mm)	57
Rohrlänge (mm)	4390
Maximale Schussweite (m)	12.000
Maximale Schusshöhe (m)	8800
Anfangsgeschw. Granate (m/s)	1000
Feuergeschw. praktisch (Schuss/min)	120
Marschgeschwindigkeit (km/h)	60
Erhöhungswinkel max. (Grad)	87
Neigungswinkel max. (Grad)	2
Seitenschwenkbereich (Grad)	360
Visiereinrichtung	ja
Länge in Marschlage (mm)	8500
Breite (mm)	2054
Höhe in Marschlage (mm)	2370
Höhe in Gefechtslage (mm)	6000
Spurweite (mm)	1710
Bodenfreiheit (mm)	380
Masse in Gefechtslage (kg)	4775
Masse Marschlage (kg)	4875
Kampfsatz	200
Granatarten	SplG, PG
Index der Granaten	281
Zugmittel	G 5, Ural 375
Bedienung	7

Die 57-mm Flak S-60 in Marschstellung.

85-mm Flak 52-K Modell 39

Die Entwicklung der 85-mm Flak 52-K Modell 39 begann in der Sowjetunion 1937, die Serienproduktion 1939. Die KVP erhielt die ersten Geschütze im Oktober 1952. Mit Gründung der NVA wurden diese Geschütze entsprechend der Gliederung in den FR der MB eingesetzt. Das Geschütz war auf einer Zweiachs-Sockellafette aufgebaut. Die Elemente der Rohrrücklaufeinrichtung, Rohrbremse und Rohrvorholer, waren über und unter dem Rohr angeordnet. Die Waffe besaß in der KVP und der NVA kein Schutzschild. Das Rohr war mit einer Sechskammern-Mündungsbremse ausgestattet.

Zu einer 85-mm Flak-Batterie gehörten neben den sechs Waffen weiterhin eine Geschützrichtstation GRS-4 sowie ein Kommandogerät 3. Mit Hilfe übergeordneter Rundblickstationen, zum Beispiel RBS-8, bestimmten die GRS Entfernung, Flughöhe und Geschwindigkeit des Zieles. Die Koordinaten des Zieles gelangten von der GRS zum Kommandogerät, welches die notwendigen Vorhaltewinkel errechnete und auf Grundlage dieser Werte die Richtmechanismen der Geschütze automatisch betätigte. Verschossen wurden Splittergranatpatronen und Panzergranatpatronen mit Leuchtspur (Index der Munition 365).

Typ	Flak
Einführungszeitraum	ab 1952
Einsatzebene	Armee
Kaliber (mm)	85
Rohrlänge (mm)	4692
Maximale Schussweite (m)	15.500
Maximale Schusshöhe (m)	10.500
Anfangsgeschw. Granate (m/s)	800
Feuergeschw. praktisch (Schuss/min)	20
Marschgeschwindigkeit (km/h)	50
Erhöhungswinkel max. (Grad)	82
Neigungswinkel max. (Grad)	3
Seitenschwenkbereich (Grad)	360
Zielfernrohr	PO-1
Länge in Marschlage (mm)	7050
Breite in Marschlage (mm)	2150
Höhe in Marschlage (mm)	2250
Breite in Gefechtslage (mm)	4750
Bodenfreiheit (mm)	400
Masse in Gefechtslage (kg)	4600
Masse Marschlage (kg)	4300
Kampfsatz	150
Granatarten	SplG, PG, UK
Index der Granaten	365
Zugmittel	SIS 151, G 5, ATS-712
Bedienung	8

Die 85-mm Flak 52-K in Marschstellung, gut zu erkennen ist die Zweiachs-Sockellafette.

100-mm Flak KS-19M2

Die 100-mm Flak KS-19M2 war ein Luftabwehrmittel zur Bekämpfung von Luftzielen in
mittleren und großen Höhen. Das Hauptschieß-
verfahren für die 100-mm Flak war das batte-
rieweise Schießen mit Kommandogerät. Hierbei
wurden die vom Kommandogerät ermittelten
Werte durch den zentralen Verteilerkasten an
die Geschütze übertragen. Die hydraulischen
Richtgetriebe der Geschütze richteten das Rohr
ununterbrochen nach der Seite und nach der
Höhe auf den ermittelten Vorhaltepunkt. Außerdem wurden die der Entfernung zum Vorhaltepunkt entsprechenden Zünderlaufzeitwerte ständig zum Geschütz übertragen und dort von der
Zünderstellmaschine automatisch am Zünder
der Granate eingestellt. Unter Verwendung des
Zielfernrohres konnten mit der 100-mm Flak
auch im direkten Richten Luft- und Erdziele
bekämpft werden. Zu jeder Feuer-Batterie

Typ	Flak
Einführungszeitraum	ab 1958
Einsatzebene	Armee
Kaliber (mm)	100
Rohrlänge (mm)	6073
Maximale Schussweite (m)	21.000
Maximale Schusshöhe (m)	15.400
Anfangsgeschw. Granate (m/s)	900
Feuergeschwindigkeit praktisch (Schuss/min)	15
Marschgeschwindigkeit (km/h)	35
Erhöhungswinkel max. (Grad)	85
Neigungswinkel max. (Grad)	3
Seitenschwenkbereich (Grad)	360
Zieleinrichtung	ja
Rundblickfernrohr	ja
Zielfernrohr	PO-1M1
Länge in Marschlage (mm)	9170
Breite in Marschlage (mm)	2350
Breite in Gefechtslage (mm)	4860
Höhe in Marschlage (mm)	2123
Bodenfreiheit (mm)	330
Masse in Gefechtslage (kg)	9350
Masse Marschlage (kg)	9450
Kampfsatz	100
Granatarten	SplG, Spl-SprG, Pg
Index der Granaten	412, 415
Zugmittel	ATS-712, AT-S 59, Tatra 813
Bedienung	7

*Die 100-mm Flak KS-19M2 als Ausstel-
lungsexponat im Militärhistorischen Museum
der Bundeswehr in Dresden. Die Ablösung
der Flak, die Fla-Rakete, steht bereit.*

gehörte ein Feuerleitkomplex, der aus dem
Kommandogerät 6-19 und der Geschützrichtstation GRS-9 bestand. Ab 1957 wurden die
Aufklärungseinheiten der FR mit der Rundblickstation 10 ausgerüstet. Sie verbesserten die
Ortung von Luftzielen in mittleren und großen
Höhen. Ab 1965 kam die RBS 12 zum Einsatz.
Auf Luftziele wurden Splittergranaten mit Zeit-
zünder oder mit Funkzünder (Index der Granate
415) verschossen. Die Zünderlaufzeiten konnten von 0,38 bis 43,69 Sekunden eingestellt
werden. Auf Erdziele kamen Splitter-Sprenggranaten und Panzergranate mit Leuchtspur
(Index der Granaten 412) zum Einsatz.

Fla-SFL 23-4 »SHILKA«

Wesentlich für die Erhöhung der Feuerkraft der TLA war die von 1968 bis 1974 andauernde Umrüstung der Fla-Batterien der MSR/PR auf das System der Fla-SFL 23-4. Die Fla-SFL-Batterien der MSR/PR wurden strukturmäßig mit vier Fahrzeugen ausgestattet. Mit der »SHILKA« gelang es der Sowjetunion das erste Mal, ein Funkmessgerät nebst dazugehörigem elektronischem Rechengerät und erforderlicher Stromversorgung mit einem Waffensystem auf einem modernen Gleiskettenfahrzeug zu vereinen. Mit diesem System war es möglich, durch die Stabilisierung der Visier- und Schusslinie automatisch Ziele zu begleiten und das Feuer bis auf 2500 m zu führen.

Der Kampfsatz von 2000 Schuss wurde gegurtet, in Munitionsbehältern auf der SFL mitgeführt und beim Schießen automatisch den Waffen zugeführt. Da die Kanonenrohre automatisch gekühlt wurden, konnte eine praktische Feuergeschwindigkeit von 2000 Schuss/min mit allen vier Rohren erreicht werden. Die Richtgeschwindigkeit lag bei 60 bis 70 Grad pro Sekunde. Ziele, die in geringer Höhe mit einer Fluggeschwindigkeit von bis zu 450 m/s flogen, konnten erfasst, automatisch begleitet und die Schusswerte zur Bekämpfung errechnet werden.

Die SFL war mit Hilfe eines umfangreichen Störschutzsystems in der Lage, die häufigsten Funkmessstörungsarten zu kompensieren und zu unterdrücken. Durch das permanente Speichern von Zielkoordinaten konnte trotz Zielverlust weiter geschossen werden. Eine Navigationsanlage gewährleistete das sichere Führen

Die Fla-SFL 23-4W1.

*Oben die Fla-SFL 23-4W1, unten, am zusätzlichen Lüftungssystem
gut zu erkennen, die Fla-SFL 23-4 u.*

der Fla-SFL durch den Kommandanten unter den unterschiedlichsten Bedingungen. Der Einbau einer Kernwaffenschutzanlage ermöglichte es der Besatzung, die Gefechtshandlungen auch in konterminiertem Gelände fortzusetzen. Die Feuerführung konnte aus einer Feuerstellung, aus dem kurzen Halt oder aus der Bewegung geführt werden. Mit der Waffe AZP-23 wurden Splittersspreng-Brandgranatpatronen mit LS und Selbstzerlegezünder sowie Panzerbrand-Granatpatronen mit LS verschossen. Das Gurtungsverhältnis betrug 3:1.

Zur SFL gehörten zehn Kampfsätze. Ein KS befand sich am Fahrzeug, fünf KS im Truppenvorrat des Verbandes und vier KS in zentralen Reserven. Der Schwenkbereich der Waffe reichte von +85 bis -4 Grad.

Da der Einführungsprozess der Fla-SFL fast sieben Jahre dauerte, befanden sich ab 1974 drei Modifikationen in den Einheiten der TLA, die Fla-SFL 23-4, die Fla-SFL 23-4W und die Fla-SFL 23-4W1. Ab 1974 kam die letzte Version, die Fla-SFL 23-4M in die Fla-SFL-Batterien der Regimenter. Äußerlich konnte man die neue Version an einem zusätzlichen Ventilationssystem auf der rechten Turmseite erkennen.

Die Fla-SFL 23-4M, Unterschiede zu Fla-SFL 23-4W1 waren am Turm und an der Wanne zu finden.

Fla-SFL 57-2

Mit der Zuführung der Fla-SFL 57-2 konnten ab 1957 die Fla-SFL-Batterien strukturmäßig ausgestattet werden. Durch die hohe Feuerkraft und große Beweglichkeit der SFL bestand erstmalig die Möglichkeit, die Truppe auf dem Marsch oder im Gefecht vor Luftangriffen wirkungsvoll zu decken. Da keine Möglichkeit der Nutzung von Funkmessgeräten bestand, konnte die SFL nur am Tage und bei guter Sicht wirksam kämpfen. Im Turm der SFL befand sich eine 57-mm Zwillings-Fliegerabwehrkanone mit zwei Waffen vom Typ S-68. Diese Flak basierte auf der 57-mm Flak S-60, ballistische Daten und Munition waren bei beiden Waffensystemen gleich. Beide Waffen vom Typ S-68 waren parallel gelagert und durch die Waffengehäuse zu einem Ganzen verbunden. Das Geschütz konnte nach Höhe und Seite durch Hand- oder Motorantrieb gerichtet werden.

Zur Besatzung gehörten sechs Mann, der Kommandant, der Fahrer, der Richtkanonier K-1, der Visierkanonier K-2 sowie die beiden Ladekanoniere K-3 und K-4. Der horizontale Schwenkbereich ging von +85 bis -5 Grad. Der Kampfsatz bestand aus 300 Granaten, die sich in Splittergranaten mit LS und Panzergranaten mit LS unterteilten (Index der Munition 281). Die Anfangsgeschwindigkeit der Granaten lag bei 1000 m/s, was eine maximale Schussweite von 12.000 m ermöglichte. Luftziele konnten bis 8800 m bekämpft werden, wobei die günstigste Schussentfernung bei 4000 m lag. Mit der Zwillings-Flak wurde eine Feuergeschwindigkeit von bis zu 240 Schuss/min erreicht. Die Munitionszuführung wurde durch Patronenrahmen mit je vier Granaten pro Rahmen realisiert. Die leeren Hülsen und Patronenrahmen konnten mit einem Transportband aus dem Kampfraum in den Hülsenkäfig am Turmheck transportiert werden.

Die Fla-SFL 57-2, eine Fla-Waffe der ersten Stunde.

FLG-5000 M/68/
FLG-5000 L4

Das Fallschirmleuchtgeschoss FLG-5000 M/68 kam als flügelstabilisiertes reaktives Geschoss mit Feststofftriebwerk zum Beleuchten des Gefechtsfeldes und zur Zielaufklärung in den Batterien, Abteilungen und in den Aufklärungs- und Vermessungszügen der AR, aber auch in den artilleristischen Einheiten der MSR und MSB zum Einsatz. Es wurde vom leichten Abschussgestell 63 abgeschossen. Dazu wurde die Treibladung mit einer Zündmaschine elektrisch gezündet. Durch die Beschleunigung des Geschosses wurde der Zünder aktiviert, der nach Ablauf der eingestellten Brennzeit die Aus-

Typ	FLG-5000 L4
Einführungszeitraum	ab 1982
Kaliber (mm)	116
Schussentfernung (m)	5000
Länge (mm)	1030
Masse (kg)	13,25
Masse mit Transport- und Abschussbehälter (kg)	24
Länge des Transport- und Abschussbehälters (mm)	1335
Durchmesser Transport- und Abschussbehälter (mm)	151
Gipfelhöhe (m)	1700
Flugzeit (s)	36
Brennzeit des Leuchtkörpers m(s)	60
Mittlere Sinkgeschwindigkeit (m/s)	5
Fallschirmdurchmesser (mm)	1600
Masse LZI / LZI (S) (kg)	13,6 / 14,1
Brennzeit des Störsystems (s)	4–6

Das FLG 5000 M/68 mit Abschussgestell 64 als Ausstellungsexponat des »Garnisionsgeschichte St. Barbara Jüterbog e.V.« in Altes Lager.

stoßladung und damit den Leuchtkörper zündete. Ein Hilfsfallschirm trennte den Leuchtkörper vom Geschoss, der Leuchtkörper schwebte am sich entfaltenden Hauptfallschirm.

1965 wurde das verbesserte Abschussgestell 64 in die Armee eingeführt. Die FLG ersetzten teure Importe von Fallschirm-Leuchtgranaten, die von Haubitzen und Granatwerfern verschossen wurden. Mit der Weiterentwicklung zum FLG-5000 L4 wurden die starren Leitflächen gegen ausklappbare Flügel ausgetauscht. Der Einsatz des Geschosses erfolgte nun aus einem Transport- und Abschussbehälter. Der wiederverwendbare Behälter enthielt alle erforderlichen Elemente für den Verschuss des Geschosses. Die Modifikationen FLG-5000 F4G und FLG-5000 F4R kamen als Farbvarianten Grün und Rot zum Markieren von Trennungslinien oder Einführungsabschnitten zum Einsatz.

Das FLG-5000 A4 war für den Verschuss von Flugblättern bis zu einer Entfernung von 5000 m bestimmt. Weitere Einsatzvarianten des FLG-5000 waren der LZI-5000, der Luftzielimitator, der ein im Unterschallbereich fliegendes Flugzeug darstellte sowie der LZI-5000 (S), der zusätzlich Störeffekte darstellte. Beide LZI wurden zum Training für Fla-Raketenschützen und zum Auffassen sowie Bekämpfen fliegender Ziele eingesetzt.

Neben der Weiterentwicklung des FLG wurden neue Abschussvorrichtungen in die nutzenden Einheiten eingeführt, so der Transport- und Abschussbehälter oder die Verschusseinrichtung 1 (VSE 1) für das FLG-5000 A4. Die Verschusseinrichtung kam als bewegliche, nachladbare Einrichtung zum Parallel- oder Flächenbeschuss von FLG-5000 A4 in Entfernungen von 1300 bis 6250 m zum Einsatz. Als Basis fand ein Standard-Einachs-Fahrge-

Das FLG 5000 L4 mit Transport- und Abschussbehälter in der ständigen Ausstellung des »Garnisionsgeschichte St. Barbara Jüterbog e.V.« in Altes Lager.

stell HL 10.00 Verwendung. Darauf aufgesetzt kam ein Artillerieteil, das zwei bis sieben FLG aufnehmen konnte. Mit Hilfe des Richtaufsatzes MP-41 wurde die VSE 1 grob in die Abschussrichtung gebracht.

Mehr Mobilität sollte durch die Nutzung eines Standardwaffenträgers an Hubschraubern oder durch die Verwendung eines Standard-Einachs-Fahrgestells als Transportmittel für das »Abschussgestell für FLG-5000 L4 (A)« bringen. Mit dieser Startanlage konnten bis 28 FLG transportiert und verschossen werden. Es kam in den AA und GeWA zum Einsatz. Durch den Aufbau von zwei Startbehältern auf einen SPW-40P2UM sollten die Abschusseinrichtungen im Übungsgelände schneller einsatzbereit und beweglicher werden.

Das Abschussgestell für das FLG 5000 L4(A), ebenfalls auf einem Standard-Einachs-Fahrgestell aufgebaut.

Von diesem Abschussgestell auf SPW-40P2UM gab es nur Prototypen, die Truppe konnte diese Version nicht mehr nutzen.

Artillerie-Funkmessstation 1

Die Artillerie-Funkmessstation 1, AFMS 1, wurde zur Ortung und zum ständigen Bestimmen der Koordinaten von sich bewegenden Erd- und Seezielen eingesetzt. Dabei wurden Richtungswinkel und Entfernung zum Ziel, unabhängig von den meteorologischen Sichtverhältnissen, bestimmt. Zur AFMS 1 gehörten eine Funkmessapparatur, aufgebaut auf einem leichten Kettenschlepper AT-L(A), und zwei Elektroaggregate, die sich auf einem SIS-151 befanden. Zusätzlich wurde die Station zur Geländeaufklärung und zur Korrektur des eigenen Artilleriefeuers durch Anschneiden der Einschläge genutzt. Die Reichweite der Station war abhängig von der Geländebeschaffenheit, da zum aufzuklärenden Ziel direkte Sichtverbindung bestehen musste.

Es kamen zwei Arbeitsregime zum Einsatz, die Rundumbeobachtung und die Sektorenbeobachtung. Dazu nutzte die AFMS eine Richtantenne, über die scharf gebündelte, pulsierende elektromagnetische Energie in den Raum abgestrahlt wurde. Die reflektierte Energie wurde durch die Antenne aufgefangen. Dazu musste die Antenne ständig von Senden auf Empfangen wechseln. Die empfangenen Signale erschienen als helle Zeichen auf einem Bildschirm. Die NVA besaß zwei AFMS 1, von denen jeweils eine in jedem MB eingesetzt war.

Typ	AFMS
Einführungszeitraum	1957
Einsatzebene	Armee
Entfernung des Auffassens (km)	55
Entfernung der Begleitung eines Zieles (km)	35
Wellenbereich (cm)	10,5–11,1
Impulsleistung (kW)	250
Dauer des Impulses (Mikrosekunden)	0,8
Antenne	Richtantenne
Durchmesser der Antenne (m)	1,8
Arbeitsbereich Höhe (Strich)	- 0-80 bis + 14-15
Seitenschwenkbereich (Grad)	360
Zeit zum Aufbauen der Station (min)	60
Länge in Marschlage (mm)	9405
Breite in Marschlage (mm)	2564
Höhe in Marschlage (mm)	3230
Bodenfreiheit (mm)	430
Achsabstand (mm)	5410
Spurweite (mm)	1920
Masse (kg)	14,5
Transportgeschwindigkeit (km/h)	40

Von der AFMS 1 gab es nur diese Zeichnung, die die Station in Arbeitsstellung zeigt.

Artillerie-Funk-messstationen 2, 6 und 10*

Die Vergrößerung der Reichweite und der Feuerkraft der Artilleriesysteme musste zwangsläufig zur Verbesserung der Möglichkeiten der Artillerie-Funkmessstation – AFMS – und zur Erweiterung des Aufgabenspektrums führen. Neben der Aufklärung von Zielen mussten die Koordinaten der gegnerischen Artillerie bestimmt werden und die Vermessung von Elementen der Gefechtsordnung oder die Beobachtung und Korrektur des Feuers der eigenen Artillerie erfolgen. Mit der Einführung von Raketensystemen mussten die Aufklärungstiefe vergrößert und die Zuverlässigkeit der Aufklärungsangaben erheblich verbessert werden. Der erste Schritt dazu erfolgte 1963 mit der Indienststellung der AFMS 2 auf der modernisierten Basis des leichten Kettenschleppers AT-LM.

Zur Station gehörte ein SIS-151 als Transportfahrzeug für zwei Elektroaggregate. Die Aufklärungstiefe der AFMS 2 lag bei maximal 50 km, die Ausmaße in Marschlage (LxBxH) waren 5270 x 2370 x 3160 mm, das Gefechtsgewicht betrug rund 8700 kg. Ab 1966 erschien in den AR der MB und in den Führungsbatterien der MSD die AFMS 6. Diese Station ermöglichte das Erkennen von Zielen, die durch passive Funkmesstarnung geschützt waren. Weiterhin konnte durch Umstimmen der Frequenzen das Stören durch aktive Funkmessstörung unterbunden werden. Das für die Stromzufuhr notwendige Elektroaggregat führte die AFMS 6 selbst mit. Die Reichweite konnte auf 60 km erweitert werden. Äußerlich unterschieden sich AFMS 2 und 6 nicht voneinander.

Wie wichtig beide Systeme für die Aufklärung waren, belegt die Tatsache, dass AFMS 2 und 6 etwa 1975/76 auf einen Ural 375 EK1 umgesetzt wurden. Die Stationen wurden komplett ausgebaut und in einen Spezialkoffer neu integriert. Beide AFMS wogen jeweils 12.064 kg und wiesen in Marschlage folgende Aus-

Die AFMS 6 in Marschlage; genutzt wurde der leichte Kettenschlepper AT-LM mit seinem Laufrollen-Laufwerk als Basis.

maße auf (LxBxH): 7970 x 2656 x 3770 mm. Durch die Einführung der AFMS 10 ab 1977 erfolgte die vollständige Aussonderung der AFMS 2 und die teilweise Ablösung der AFMS 6. Eingesetzt wurde das System hauptsächlich in den Führungsbatterien der MSD/PD. Die Aufklärungsreichweite für Schiffe vom Typ Zerstörer lag bei etwa 30 km. Panzer und SPW konnten bis 16 km identifiziert werden.

Die hohe Geländegängigkeit, eine Marschgeschwindigkeit von 60 km/h und die Fähigkeit, Wasserhindernisse schwimmend zu überwinden, zeichneten die neue AFMS aus.

Die AFMS 6, umgesetzt auf einen Ural 375 EK1.

Die AFMS 10 auf Mehrzweck-Zug- und Transportmittel MT-LB in Arbeitslage.

Flak-Funkschein-werfer RP-15-1

Da die bis 1957 gültige Schießvorschrift der Flakartillerie das Schießen auf beleuchtete Ziele mit Scheinwerfern vorsah, wurden 1957 drei Flak-Funkscheinwerfer RP-15-1 bestellt und im Januar 1958 aus der Sowjetunion geliefert. Die ab 1958 gültige Schießvorschrift sah nun aber kein Gefechtsschießen auf beleuchtete Ziele mehr vor, deshalb kamen alle drei Flakschein-werfer konserviert als Ersatzbewaffnung ins Lager Ostritz. Die Scheinwerfer sollten Luftziele auffinden und beleuchten sowie ihre Koordinaten bestimmen. Die Zieldaten konnten dann an in der Luft befindliche Jäger oder an Flakeinheiten übergeben werden.

Zur Erfüllung dieser Aufgaben wurden ein Funk-messgerät, ein Flakscheinwerfer und die Sys-temsteuerung konstruktiv auf einer zweiachsigen Speziallafette montiert. Zum Richten sowie zum Ein- und Ausschalten verfügte der Scheinwerfer über einen abnehmbaren Führungsstand, der bis zu 120 m entfernt aufgebaut werden konnte. Die Stromversorgung erfolgte über ein Stromver-sorgungsaggregat, das auf der Ladefläche des Zugmittels, einem SIS-151, montiert war.

Typ	Flak-Funk-scheinwerfer
Einführungszeitraum	1958
Max. Entfernung des Auffassens (km)	35
Min. Entfernung des Auffassens (km)	1
Arbeitsfrequenz (MHz)	204
Zeit zum Einschalten Funkmess (s)	180
Dauer ununterbrochene Arbeit (h)	12
Leuchtweite Scheinwerfer (km)	20
Durchmesser des Spiegels (cm)	150
Arbeitsbereich Höhe (Grad)	2,4–108
Seitenschwenkbereich (Grad)	360
Zeit zum Einschalten Scheinwerfer (min)	3
Länge in Marschlage (mm)	7200
Breite in Marschlage (mm)	2300
Höhe in Marschlage (mm)	3250
Breite in Gefechtslage (mm)	4860
Höhe in Gefechtslage (mm)	5150
Masse Scheinwerfer (kg)	5270
Masse Zugmittel (kg)	10.500
Bedienung	11
Zugmittel	SIS-151

Der Flak-Funkscheinwerfer RP-15-1 in Gefechtslage.

Geschützricht-station 4

Die Geschützrichtstation 4 war im Bestand des Feuerleitkomplexes für die 85-mm Flak 52-K integriert. Unabhängig von der Sicht und den Wetterverhältnissen ermöglichte es die GRS, Ziele in Entfernungen, die eine rechtzeitige Feu-ereröffnung der Flak-Artillerie erlaubte, fest-zustellen und deren Koordinaten zu bestimmen. Dazu generierte der Sender der Station kurze starke elektromagnetische Wellen, die in Form eines schmalen Richtstrahles mit Hilfe einer Antenne in den Raum abgestrahlt wurden. Wenn die elektromagnetischen Wellen auf ein Hindernis trafen, wurde von diesem Hindernis ein Teil der Energie zurückgeworfen, vom Emp-fänger der GRS aufgenommen und an einem Sichtgerät dargestellt. So konnte die Entfernung des Hindernisses bestimmt und an Hand der Antennenstellung die Winkelkoordinaten ermit-telt werden.
Die GRS war in einer wasserdichten, wärme-isolierten, geschlossenen Kabine, die mit vier Winden horizontiert werden konnte, unterge-bracht. Das Fahrgestell bestand aus zwei dop-pelbereiften Achsen mit Federaufhängung. Die Energieversorgung stellte ein separates Strom-versorgungsgerät sicher. Die GRS 4 besaß

Typ	GRS
Einsatzebene	Armee
Entfernung des Auffassens (km)	55
Entfernung der Begleitung eines Zieles (km)	35
Wellenbereich (cm)	10,5 bis 11,1
Impulsleistung (kW)	250
Dauer des Impulses (Mikrosek.)	0,8
Antenne	Parabolspiegel
Durchmesser der Antenne (m)	1,8
Arbeitsbereich Höhe (Strich)	- 0-80 bis + 14-15
Seitenschwenkbereich (Grad)	360
Zeit zum Aufbauen d. Station (min)	60
Länge in Marschlage (mm)	9405
Breite in Marschlage (mm)	2564
Höhe in Marschlage (mm)	3230
Bodenfreiheit (mm)	430
Achsabstand (mm)	5410
Spurweite (mm)	1920
Masse (kg)	14.500
Transportgeschwindigkeit (km/h)	40
Stromversorgungsgeräte	SPL-30 od. SPO-30

noch keine Störschutzeinrichtung gegen Funk-messstörung und kein Kennungsgerät zur Iden-tifizierung des Luftgegners.

Die Geschütz-richtstation 4 in Arbeitslage.

Geschützricht-station 9

Die Geschützrichtstation 9 fand in Zusammenarbeit mit dem Kommandogerät 6 bei der Flak-Artillerie kleinen und mittleren Kalibers Verwendung. Ab 1957 wurden in den FR der MB die als Ersatztechnik vorhandenen GRS 4 ausgesondert und die GRS 9 eingeführt. Damit stand ein Gerät zur Verfügung, das den Luftgegner auf Entfernungen von 50.000 m funktechnisch auffassen, ihn identifizieren und die Koordinaten und Parameter der Zielbewegung ununterbrochen ermitteln konnte.

Zur kompletten Ausrüstung der Station gehörte der Stationswagen mit einem SIS 151 als Zugmittel. Auf der Ladefläche des Zugmittels befand sich neben dem Elektroaggregat APG-15 auch das notwendige EWZ. Wurde eine ATS 712 als Zugmittel eingesetzt, kam als Transportmittel für das Elektroaggregat ein weiterer SIS 151 zum Einsatz. Mit der ab 1958 eingeführten Nachfolgeversion GRS 9a konnte das Gefechtsgewicht verringert und die Aufbauzeiten deutlich verkürzt werden. Im Unterschied zur GRS 9 konnte die neue Version die Gefechtsarbeit auch bei aktiven Funkmessstörungen führen.

Typ	GRS 9 / 9a
Einführungszeitraum	ab 1957 / 1958
Einsatzebene	Armee
Entfernung des Auffassens (km)	50
Entf. d. Begleitung eines Zieles (km)	35
Wellenbereich (cm)	10,5–11,1
Impulsleistung (kW)	250
Dauer des Impulses (Mikrosek.)	0,5
Antenne	Parabolspiegel
Durchmesser der Antenne (m)	1,5
Arbeitsbereich Höhe (Strich)	- 0-50 bis + 13-00
Seitenschwenkbereich (Grad)	360
Zeit zum Aufbauen d. Station (min)	15
Länge in Marschlage (mm)	6500
Breite in Marschlage (mm)	2400
Höhe in Marschlage (mm)	3200
Bodenfreiheit (mm)	330
Achsabstand (mm)	3500
Spurweite (mm)	1980
Masse (kg)	7000
Transportgeschwindigkeit (km/h)	40
Stromversorgungsgeräte	APG-15

Die GRS 9a in Arbeitsstellung. Diese Station stellte für lange Zeit das Schießen der Flak-Einheiten sicher.

Rundblick-station 10

Ab 1957 wurden die Aufklärungseinheiten der Flakregimenter mit der Rundblickstation 10 ausgerüstet. Damit konnten die wenigen Exemplare der vorhandenen RBS 8 abgelöst werden. Die RBS diente zur Ortung von Luftzielen und zum Bestimmen der Zielkoordinaten Entfernung, Seitenwinkel und Höhe. Mit der RBS war es auch möglich, Jagdflugzeuge zu leiten, Ziele den Geschützrichtstationen zuzuweisen oder die Nahfunknavigation für Jagdflugzeuge innerhalb der Auffasszone der RBS zu übernehmen. Durch das Wechseln der Frequenzen innerhalb

Typ	RBS 10
Einführungszeitraum	ab 1957
Einsatzebene	Regiment
Entfernung des Auffassens (km)	180–200
Gipfelhöhe (km)	16
Impulsfolgefrequenz (Hz)	100
Impulsleistung (kW)	75
Dauer des Impulses (Mikrosekunden)	8
Wellenbereich (m)	3
Antenne	Dipol
Antennendrehung max. (U/min)	3
Seitenschwenkbereich Sektor (Grad)	90–120
Seitenschwenkbereich rundum (Grad)	360
Zeit zum Aufbauen der Station (min)	90
Länge in Marschlage (mm)	7400
Breite in Marschlage (mm)	2420
Höhe in Marschlage (mm)	3200
Basisfahrzeuge	ZIL 157
Masse Gerätefahrzeug (kg)	9100
Masse Aggregatefahrzeug (kg)	9300
Entfernung zur Kennungsabfrage (km)	bis 190
Stromversorgungsgeräte	2

Typisch für die RBS 10 war die Ausstattung der Antenne. Zu jeder der vier Dipolreihen gehörten ein Reflektor und sieben Direktoren.

des Frequenzbereiches wurde die aktive Funkmessstörung mit Rauschmodulation verhindert. Mit dem Kennungsgerät NRS-10 wurde ständig die Freund-Feindkennung abgefragt. Der Nachteil der Station lag in der äußerst niedrigen Aufklärungsrate bei Anflügen und Angriffen in geringen Höhen und im Tiefflug.

Zur Station gehörten ein Geräte- und ein Aggregatefahrzeug, beide Fahrzeuge verfügten über den gleichen Kofferaufbau. Das Antennensystem bestand aus vier Dipolreihen, von denen jeweils zwei übereinander aufgebaut waren. Jede Dipolreihe bestand aus einem Reflektor, sieben Direktoren und einem Faltdipol, der beim Senden vom Sender gespeist und aufgenommene reflektierte Energie an den Empfänger leitete. Mit Hilfe eines Reduzierungsgetriebes war es möglich, die Antenne zu drehen und gleichzeitig die Energie zur und von der Antenne weiterzuleiten. Dabei konnte die Antenne für die Rundumbeobachtung oder Sektorensuche eingesetzt werden.

Rundblick-station 12

Bereits 1961 erfolgte die Einführung der Rund-blickstation 12MA in Einheiten der LSK/LV. Die Station bestand aus einem Gerätefahrzeug mit Koffer KUNG-1M auf ZIL 157, einem Antennen-fahrzeug mit der Antennen-Mastanlage auf ZIL 157 und zwei Einachsanhängern vom Typ 1-AP-1,5 mit zwei Stromversorgungsanlagen. Ab 1967 begann in den Landstreitkräften die systematische Umrüstung der FuTK und der Aufklärungseinheiten der FR mittleren Kalibers von der RBS 10 auf die RBS 12. Diese Moder-nisierung war durch die stürmische Entwick-lung auf dem Gebiet der Funkmesstechnik und im Interesse der Gewährleistung einer lückenlo-sen Aufklärung in mittleren und großen Höhen

Typ	RBS 12MA
Einführungszeitraum	ab 1961
Einsatzebene	Regiment
Entfernung des Auffassens (km)	260
Gipfelhöhe (km)	25
Impulsfolgefrequenz (Hz)	345
Impulsleistung (kW)	200
Wellenbereich (m)	2
Antennendrehung max. (U/min)	6
Marschgeschwindigkeit (km/h)	55
Seitenschwenkbereich (Grad)	360
Zeit zum Aufbauen der Station (min)	90
Länge in Marschlage (mm)	7150
Breite in Marschlage (mm)	2550
Höhe in Marschlage (mm)	3300
Basisfahrzeuge	ZIL 157
Masse Gerätefahrzeug (kg)	8500
Bedienung	11
Stromversorgungsgeräte	2 x AD-10

Das Antennenfahrzeug der RBS 12MA in Arbeitsstellung.

notwendig geworden. Die RBS 12 klärte durch vertikale Antennenschwenkung im Auffassbereich wirkungsvoll auf. Sie besaß durch ein automatisches Frequenzwechselsystem eine komplexe Störschutzeinrichtung gegen passive Funkmessstörungen und asynchrone Störungen. Durch eine höhere Antennendrehgeschwindigkeit konnten auch schnell fliegende Ziele zuverlässig aufgefasst werden. In der Sta-

tion befand sich das Kennungsgerät NRS-10 bzw. NRS-12 zur ständigen Freund-Feindabfrage. Die automatische Höhenbestimmung, der Anschluss eines Tochtergerätes und automatischer Auswertesysteme sowie die Ausschnittbeobachtung auf dem Rundsichtgerät komplettierten die Möglichkeiten der RBS 12. Neben der RBS 12MA kamen auch die Stationen 12NA und 12NP zum Einsatz.

Das Gerätefahrzeug mit Koffer KUNG-1M auf ZIL 157.

Bei der RBS 12NA kam ein Anhänger als Antennenfahrzeug zum Einsatz.

Rundblick-station 15

1960 begann die Einführung der Rundblickstation 15 in den Aufklärungseinheiten der leichten Flakregimenter (je FR eine RBS 15). Sie bestimmte die Koordinaten und wies die Ziele den Flakbatterien zu. Die RBS 15 war mit einem Kennungsgerät NRS-15 zur Freund-Feindabfrage ausgerüstet und besaß eine Störschutzeinrichtung gegen aktive und passive Funkmessstörungen. Eine exakte Höhenbestimmung war mit der Station allerdings noch nicht möglich. Die RBS 15 bestand aus einem Geräte- und einem Antennenfahrzeug. Im vorderen Teil des Antennenfahrzeuges war der drehbare Antennenmast untergebracht. Die Sektorensuche gewährleistete ein Begleiten des Zieles im Beobachtungssektor, eine gedeckte Arbeit der Station, da nur im festgelegten Sektor ausgestrahlt wurde, und die beschleunigte Ortung des Zieles. Die Station war mit zwei übereinander angeordneten Antennen ausgerüstet, die jeweils aus einem Hornstrahler und einem Reflektor bestanden. Im Gerätefahrzeug befanden sich die Stromversorgungsanlage, das EWZ, mehrere Zusatzsegmente des Antennenmastes und ein Treibstoffvorrat. Mit der Version

Typ	RBS 15
Einführungszeitraum	ab 1960
Einsatzebene	Regiment
Entfernung des Auffassens (km)	150–180
Gipfelhöhe (km)	6
Impulsfolgefrequenz (Hz)	500
Impulsleistung (kW)	210
Dauer des Impulses (Mikrosekunden)	2–5
Antenne	Parabol
Antennendrehung max. (U/min)	6
Seitenschwenkbereich Sektor (Grad)	90–120
Seitenschwenkbereich rundum (Grad)	360
Zeit zum Aufbauen der Station (min)	10
Länge in Marschlage (mm)	7400
Breite in Marschlage (mm)	3100
Höhe in Marschlage (mm)	3850
Basisfahrzeuge	ZIL 157
Masse Gerätefahrzeug (kg)	9150
Entfernung zur Kennungsabfrage (km)	bis 225
Stromversorgungsgeräte	2
Bedienung	10

RBS 15M fiel das Aggregatefahrzeug zu Gunsten eines Anhängers weg. Bei der Version RBS 15MS kamen neue Baugruppen zum Einsatz. Ab 1976 wurde die letzte Version, die RBS 15M2 eingeführt. Sie bestand aus dem Basisfahrzeug ZIL 157K mit Einachsanhänger für ein Elektroaggregat. Bedient wurde diese Station von nur noch vier Mann.

Die RBS 15M2 in Arbeitslage. Auf dem Einachsanhänger befanden sich das Elektroaggregat und ein Teil der Antennenanlage.

Funkmess-Feuerleitgerät RPK-1

»Geschützrichtstation RPK-1 mit Kommandogerät auf Spezial-Kfz Ural 375 (K)«, unter diesem Namen wurde das Gerät RPK-1 ab 1968 zur funktechnischen Feuerleitung der 57-mm-Flakbatterien der FR der MB und der Flakabteilungen der Divisionen eingeführt. Die neue Qualität der Feuerleitgerätetechnik in der NVA zeigte sich in der Vereinigung von Funkmessgerät, elektronischem Rechengerät, Kennungsapparatur, Trainingseinrichtung und leistungsstarker Stromversorgungsanlage, gemeinsam montiert in einem Koffer auf dem Fahrgestell des Ural 375 (K). Ebenfalls neu war die Nutzung eines Fernsehvisiers zur Begleitung von Luftzielen bei Ausfall des Funkmessgerätes. Weitere Verbesserungen äußerten sich in einem umfassenden Störschutzsystem zur Unterdrückung oder Kompensierung aller derzeitigen Funkmessstörungen. Da die Einführung sieben Jahre dauerte, waren in den FR drei verschiedene Versionen des FM-FLG vorhanden, die Versionen RPK-1A, RPK-1M und RPK-1N.

Typ	RPK-1A
Einführungszeitraum	ab 1968
Einsatzebene	57-mm Flak
Entfernung des Auffassens (km)	60
Ortungsentf. mit Fernsehvisier (km)	10–12
Entfernung der automatischen Zielbegleitung (km)	40
Mögliche Zielgeschwindigkeit (m/s)	450
Antenne	Parabol
Antennendrehung (U/min)	1
Marschgeschwindigkeit (km/h)	50
Wellenbereich (cm)	3,12–3,28
Impulsleistung (kW)	150
Dauer des Impulses (Mikrosek.)	0,35
Höhenwinkel (Strich)	0-25 bis 14-50
Seitenwinkel (Grad)	360
Zeit zum Aufbauen der Station (min)	10
Länge in Marschlage (mm)	7440
Breite in Marschlage (mm)	2792
Höhe in Marschlage (mm)	3467
Basisfahrzeuge	Ural 375 (K)
Masse Gerätefahrzeug (kg)	13.590
Bedienung	6
Entfernung zur Kennungsabfrage (km)	60
Stromversorgungsgeräte	AB-16-äT/230-400

Das Funkmess-Feuerleitgerät RPK-1A in Arbeitslage. Solche Fahrzeuge sind auf Fahrzeugtreffen von Zuschauern immer dicht umlagert.

Funkmess-Höhenfinder PRW-9

Typ	PRW-9A
Einführungszeitraum	ab 1970
Einsatzebene	FuTK
Entfernung des Auffassens (km)	150
Gipfelhöhe (km)	45
Impulsleistung (kW)	600
Dauer des Impulses (Mikrosekunden)	1–1,75
Basisfahrzeug	KrAZ 255B
Höhenrichtbereich (Grad)	0,5–22
Länge in Marschlage (mm)	11.200
Breite in Marschlage (mm)	2642
Höhe in Marschlage (mm(	4030
Marschgeschwindigkeit (km/h)	40
Gefechtsgewicht (kg)	19.200
Bedienung	4

Ab 1961 wurden die ersten funktechnischen Kompanien in den MB aufgebaut. Zur Ausrüstung der FuTK gehörte ab 1965 der Funkmess-Höhenfinder PRW-10. Damit war es erstmals möglich, eine exakte Höhenbestimmung der durch Funkmessstationen aufgeklärten Ziele vorzunehmen. 1968 erfolgte die Zuführung des Funkmess-Höhenfinder PRW-9 in den FuTK der LSK/LV. Der Komplex bestand aus zwei Lkw KrAZ 214 als Zugmittel für den Geräteanhänger und den Aggregateanhänger.

1970 begann die Einführung des FM-HF PRW-9A bei den LaSK. Durch die Verwendung des KrAZ 214 als Basisfahrzeug für den Antennenkomplex und gleichzeitig als Zugmittel für den Aggregateanhänger erhöhte sich die Geländegängigkeit, durch elektro-hydraulische Horizontierungs- und Antennenaufrichteinrichtungen

wurden kurze Auf- und Abbauzeiten realisiert. Eine hohe Winterfestigkeit, komplexer Störschutz, geringe technische Störanfälligkeit sowie die Kopplungsmöglichkeiten mit anderen Führungs- und Aufklärungssystemen zur Zielzuweisung und Informationsauswertung garantierten eine zuverlässige Arbeit und Höhenermittlung. Später konnte die Station PRW-9B auch auf Basis des Lkw KrAZ 255B beschafft werden.

Der FM-HF PRW-9B auf Basis des Lkw KrAZ 255B in Marschlage.

Funkmess-Höhenfinder PRW-16

Als Nachfolger des FM-HF PRW-9 kam der Funkmess-Höhenfinder PRW-16 zum Einsatz. Die erste Version bestand aus dem Aggregateanhänger mit Elektroaggregat AD-30T und Umformer WPL-30MD sowie dem Stationsanhänger mit Antenne. Als Zugmittel fanden zwei Lkw KrAZ 214B Verwendung. Mit der Version PRW-16A wurde die Station mit Antenne direkt auf dem Fahrgestell des KrAZ 214B montiert. Der KrAZ diente gleichzeitig als Zugmittel für das Elektroaggregat 1Ä9.

Die Version PRW-16B kam ab 1977 in den FuTK der LaSK zum Einsatz. Die Nutzung beschränkte sich nicht nur auf die FR, sondern sein Haupteinsatzgebiet waren die mit Fla-Raketen ausgerüsteten Einheiten. Zusammen mit der Rundblickstation 40 bildete der PRW-16B den Funkmess-Komplex P-40. Durch die elektro-hydraulische Horizontierungs- und Antennenaufrichteinrichtungen wurden, wie bei dem Vorgängermodell, kurze Auf- und Abbauzeiten realisiert.

Typ	PRW-16B
Einführungszeitraum	ab 1977
Einsatzebene	FuTK
Entfernung des Auffassens (km)	170
Gipfelhöhe (km)	45
Basisfahrzeug	KrAZ 255B
Länge in Marschlage (mm)	11,390
Breite in Marschlage (mm)	2750
Höhe in Marschlage (mm(	4220
Marschgeschwindigkeit (km/h)	40
Gefechtsgewicht (kg)	19.800
Bedienung	4

Der FM-HF PRW-16B, aufgebaut auf einem Lkw KrAZ 255B.

Meteorologische Funkmessstation RMS-1

Die Funkmessstation RMS-1 gehörte zur Ausrüstung der meteorologischen Züge der Artillerie. Sie ermittelte die für die Feuerführung der Erd- und Flakartillerie erforderlichen meteorologischen Angaben, also Lufttemperatur und -druck sowie Windgeschwindigkeit und -richtung. Die Station war für die Begleitung eines Winkelreflektors oder der Radiosonde RKS-1 vorgesehen, die an einem mit Wasserstoff gefüllten Ballon befestigt und aufgelassen wurden. In der Betriebsart »Winkelreflektor« ermittelte und registrierte die Station die Flugzeit und die laufenden Koordinaten des Reflektors. Daraus konnten nur Windrichtung und -geschwindigkeit ermittelt werden. In der Betriebsart »Radiosonde« ermittelte die Station die Flugzeit, die laufenden Koordinaten der Sonde und registrierte zusätzlich die meteorologischen Angaben in verschlüsselter Form.

Zur meteorologischen Station gehörten die Funkmessstation RMS-1, aufgebaut auf einem Spezialanhänger Typ 712, sowie das Elektroaggregat ÄSD-20-WL/230/f-400 und das Netzstromaggregat (Umformer) 218s zur Stromversorgung. Die ab 1964 eingeführte Station

Typ	RMS-1
Einführungszeitraum	ab 1964
Einsatzebene	Division
Automatisches Begleiten Winkelreflektor (km)	25
Automat. Begleiten Radiosonde (km)	150
Antenne	Parabol
Durchmesser der Antenne (mm)	1830
Basisfahrzeug	Anhänger
Koffer	Typ 712
Wellenbereich (MHz)	1770–1795
Leistung des Senders (kW)	200
Richtbereich nach der Seite	unbegrenzt
Richtbereich nach der Höhe (Strich)	0-50 bis 15-00
Länge mit Zugstange (mm)	6890
Breite (mm)	2542
Höhe (mm)	3335
Spurbreite (mm)	1780
Bodenfreiheit (mm)	450

verwendete einen MAZ 502 und einen ZIL 157 als Zugmittel. Der MAZ 502 konnte durch den Ural 375 ersetzt werden.

Die meteorologische Funkmessstation RMS-1 in Arbeitslage.

Artilleriemeteorologische Station ARMS

Die artilleriemeteorologische Station ARMS ermittelte die meteorologischen Angaben wie Windrichtung und -geschwindigkeit sowie Luftdruck und -temperatur für die Feuerführung der Erd- und Flakartillerie. Sie kam in den AR der Armee, in den Artillerie-Instrumental-Aufklärungseinheiten, in den Führungsbatterien der MSD/PD und in den Flak-Batterien der Raketenbrigaden zum Einsatz. Die Station ARMS stellte eine Weiterentwicklung der meteorologischen Funkmessstation RMS-1 dar. Zum Bestand der Station gehörten nun die Funkmessstation RMS-1, ein Auswertefahrzeug auf Basis Ural 375D, ein Hilfswagen auf Basis Ural 375D sowie ein Elektroaggregat AB-2-0/230(M) oder AB-4-0/230(M). Die beiden Lkw Ural 375D dienten gleichzeitig als Zugmittel. Die Zeit vom Start der Sonde bis zur Lieferung der ersten meteorologischen Daten lag bei etwa 75 min. Die Station konnte rund 60 Stunden ohne Ausfall arbeiten.

Die Funkmessstation RMS-1, Bestandteil der Station ARMS, in Marschlage.

Das Hilfsfahrzeug der Station ARMS auf Basis des Ural 375D.

Artilleriemeteo-rologische Funkmessstation MARS-1 (SchKWAL-1)

Typ	1B18-1
Einführungszeitraum	ab 1981
Einsatzebene	Division
Sondierungshöhe mit Sonde RKZ-1 (km)	bis 30
Sondierungshöhe mit Sonde 1B25 (km)	bis 50
Entfaltungszeit (min)	20
Basisfahrzeug	Ural 375D
Koffer	KC-375
Gesamtmasse (kg)	13.200
Länge in Marschlage (mm)	8270
Breite in Marschlage (mm)	2610
Höhe in Marschlage (mm)	3615
Spurweite (mm)	2000
Marschgeschwindigkeit (km/h)	60
Fahrbereich (km)	625
Horizontierungssystem	Handspindelheber
Bedienung für gesamten Komplex	8
Bedienung für 1B18-1	5

Die artilleriemeteorologische Funkmessstation MARS-1 (Index 1B18) wurde zur komplexen Temperatur- und Windsondierung der Atmosphäre unter Truppenbedingungen verwendet. Mit Hilfe einer Ballonsonde erfolgte das Messen der Lufttemperatur, der Windrichtung und der Windgeschwindigkeit an der Erdoberfläche und in der Atmosphäre bis zu einer Höhe von 50.000 m. Mit der elektronischen Rechenmaschine A-15A-49a konnten die Werte für die Einheitswettermeldung errechnet und mit dem alpha-numerischen Drucker AZPU-64-5 ausge-druckt werden. Durch das Verbreiten der Einheitswettermeldung per Funk- oder Fernsprech-

Das Mess- und Auswertefahrzeug der Station MARS-1 auf Ural 375. Die Funkmessstation befand sich im vorderen Bereich des Koffers und wurde bei Nutzung ausgefahren.

verbindung konnte das Schießen der Artillerie und das Starten von operativ-taktischen und taktischen Raketen meteorologisch sichergestellt werden.

Die meteorologische Funkmessstation war ein Gerätekomplex, der aus dem Mess- und Auswertefahrzeug 1B18-1, dem Aggregatefahrzeug 1B18-2 und dem Hilfsgerätefahrzeug 1B18-3 bestand. Das Fahrzeug 1B18-1, Auswertepunkt der artilleriemeteorologischen Station, transportierte die Funkmessstation, die Rechenmaschine, das Funkgerät sowie elektronische und meteorologische Messgeräte. Im Kofferaufbau konnte vor dem Start die Radiosonde überprüft werden, die die Auswertung der Komplexsondierung der Atmosphäre durchführte. Mit den ermittelten Daten konnte schließlich die Einheitswettermeldung erarbeitet und verbreitet werden.

Das Aggregatefahrzeug 1B18-2 transportierte zwei Elektroaggregate AB-8-T/230/f-400-M1 und den Einzel-EWZ-Satz für die Geräte im Mess- und Auswertefahrzeug. Es stellte die Stromversorgung im Fahrzeug 1B18-1 sicher und beförderte den Kraftstoffvorrat für die Elektroaggregate und die Heiz- und Lüftungsanlage der

Typ	1B18-2
Einführungszeitraum	ab 1981
Einsatzebene	Division
Basisfahrzeug	GAZ 66-04
Koffer	Pritsche
Gesamtmasse (kg)	6070
Länge in Marschlage (mm)	5806
Breite in Marschlage (mm)	2342
Höhe in Marschlage (mm)	2850
Spurweite vorn (mm)	1800
Spurweite hinten (mm)	1750
Bodenfreiheit (mm)	315
Marschgeschwindigkeit (km/h)	60
Wattiefe (mm)	800
Kraftstoffverbrauch auf 100 km (l)	24
Bedienung für 1B18-2	2

Auswertestation. Letztlich waren die Ausrüstung und Geräte des Ballonfüllpunktes auf der Ladefläche des Aggregatefahrzeuges untergebracht. Das Hilfsgerätefahrzeug 1B18-3 war für den Transport und die Unterbringung von Wasserstoff in Wasserstoffflaschen bestimmt. Es beförderte das Siedegrenzbenzin zur Behandlung der Radiosondenballone, das Kühlwasser, einen Teil des Kraftstoffvorrates für die Elektro-

Ein GAZ 66 mit Pritsche und Plane kommt als Aggregatefahrzeug zum Einsatz.

aggregate sowie weitere Geräte. Auf der Ladefläche erfolgte das Befüllen der Radiosondenballone mit Wasserstoff. Schließlich befand sich auf dem Fahrzeug der meteorologische Gerätesatz PMK zum Messen der Lufttemperatur, des Luftdruckes, der Windrichtung und der Windgeschwindigkeit an der Erdoberfläche. Dazu wurde am Heck des Fahrzeuges ein Mast aufgerichtet, an dem der Windgeschwindigkeits- und Windrichtungsgeber des meteorologischen Gerätesatzes PMK aufgebaut werden konnte.

Die Gefechtsarbeit mit der artilleriemeteorologischen Funkmessstation begann mit dem Beziehen des Messpunktes, dem Orientieren der Antenne des Funkmessgerätes und dem Aufbau des meteorologischen Gerätesatzes PMK. Die Antennensäule mit der Antenne des Funkmessgerätes wurde mit Hilfe eines teleskopischen Spindelhebers mit Nebenantrieb vom Motor des Basisfahrzeuges gehoben. Die Funkmessstation musste gründlich grob und fein horizontiert, die Ausrüstung überprüft werden. Weiterhin mussten der Startplatz für die Radiosonde und der Ballonfüllpunkt aufgebaut werden. Die Radiosonde wurde ebenfalls überprüft und mit dem Ballon verbunden. Anschließend wurde der technische Punkt aufgebaut.

Zum technischen Punkt konnte neben dem Hilfsgerätefahrzeug 1B18-3 ein Wasserstoff-Transportfahrzeug auf Ural 375 (der Ural war

Typ	1B18-3
Einführungszeitraum	ab 1981
Einsatzebene	Division
Basisfahrzeug	GAZ 66-04
Koffer	Pritsche
Gesamtmasse (kg)	5800
Länge in Marschlage (mm)	5806
Breite in Marschlage (mm)	2342
Höhe in Marschlage (mm)	2850
Spurweite vorn (mm)	1800
Spurweite hinten (mm)	1750
Bodenfreiheit (mm)	315
Marschgeschwindigkeit (km/h)	60
Wattiefe (mm)	800
Kraftstoffverbrauch auf 100 km (l)	24
Bedienung für 1B18-3	1

nicht Teil der Station) gehören. Nachdem die Geräte des Fahrzeuges 1B18-1 und die Radiosonde vorbereitet waren, musste die Antenne auf die Radiosonde ausgerichtet und die Sonde gestartet werden. Im Laufe der Sondierung der Atmosphäre wurden auf dem Sichtgerät des Funkmessgerätes die laufenden Flugdaten und die in der Standardhöhe errechneten Werte dargestellt.

Die mitgeführte Wasserstoffmenge (ohne Wasserstoff-Transportfahrzeug) in den Wasserstoffflaschen ermöglichte 15 Starts mit der Sonde RKZ-1 oder 30 Starts mit der Radiosonde 1B25.

Das Hilfsfahrzeug für den Wasserstofftransport war auf einem GAZ 66 mit Pritsche und Plane aufgebaut.

91

Artilleriemeteo-rologische Funkmessstation MRK-1 (SchKWAL-2)

Typ	MRK-1
Einführungszeitraum	ab 1986
Einsatzebene	Regiment / Division
Sondierungshöhe mit Sonde 1B25-3 (km)	bis 50
Sondierungshöhe mit Sonde 1B25-4 (km)	bis 30
Entfernung der autom. Begleitung (km)	200
Basisfahrzeug 1B27-1	Ural 375A
Koffer	KC-375
Basisfahrzeug 1B27-2	GAZ 66
Basisfahrzeug 1B27-3	GAZ 66
Frequenz des Funkmessgerätes (GHz)	1,775–1,790
Dauer des Sendeimpulses (Mikro s)	0,5
Leistung des Senders (kW)	10
Richtbereich nach der Seite	unbegrenzt
Richtbereich nach der Höhe (Strich)	- 1-70 bis + 15-20
Bedienung für gesamten Komplex	9

Die artilleriemeteorologische Funkmessstation MRK-1 (Index 1B27) löste ab 1986 die Station MARS-1 in den Raketen- und Artillerietruppenteilen und -verbänden der LaSK ab. Der Komplex MRK-1 bestand aus dem Mess- und Auswertefahrzeug 1B27-1, dem Aggregatefahrzeug 1B27-2 und dem Hilfsgerätefahrzeug 1B27-3. Das Fahrzeug 1B27-1 gewährleistete die Vorflugkontrolle der Radiosonde, das automatische Begleiten der Radiosonde, den Empfang und die Verarbeitung der meteorologischen und Funkmessinformationen sowie das Verbreiten der verschiedenen Arten von Wettermeldungen an die Anwender. Dazu war das Funkmessgerät in einem Koffer vom Typ KC-375 auf einem Lkw Ural 375A untergebracht. Die mit der Radiosonde in der Atmosphäre ermittelten Werte wurden vom Sender der Sonde abgestrahlt und vom Fahrzeug 1B27-1 empfangen, ausgewertet und zu einer Einheitswettermeldung formuliert. Dieser Vorgang erfolgte automatisch. Als Radiosonden wurden die Typen 1B25-3 und 1B25-4 verwendet, die an einem mit Wasserstoff gefüllten Ballon aufstiegen. Das Aggregate- und das Hilfsgerätefahrzeug waren auf GAZ 66-04 aufgebaut. Ihre Ausrüstung entsprach in etwa der Ausrüstung der Station MARS-1.

Das Mess- und Auswertefahrzeug 1B27-1 in Marschlage.

Wasserstoff-Transport-anhänger

Eine kleine Sensation stellte der Wasserstoff-Transportanhänger dar, da er einer Neurerarbeit in der NVA entsprungen war. Die Idee war simpel und trotzdem genial. Für die Nutzung der artilleriemeteorologischen Funkmessstationen war der Einsatz von Radiosondenballons notwendig. Da zum Einsatz der Stationen nur begrenzt Wasserstoff mitgeführt werden konnte, musste entweder ein Wasserstoff-Transportfahrzeug mitgeführt oder die Anzahl der Messungen begrenzt werden. Durch die Montage eines einfachen, absetzbaren Aufbaus zur Aufnahme von zwei mal acht Wasserstoffflaschen auf das Standard-Einachs-Fahrgestell 1,2 Mp konnte dem Abhilfe geschaffen werden. Durch die Möglichkeit diesen Aufbau mit 16 Wasserstoffflaschen vom Standard- Einachs-Fahrgestell abzusetzen, konnten weitere Wasserstoffflaschen und andere militärische Geräte transportiert werden.

Die Nutzung des Wasserstoff-Transportanhängers begann 1975. Er blieb bis zur Auflösung der NVA im Einsatz.

Der Wasserstoff-Transportanhänger konnte bis zu 16 Wasserstoffflaschen transportieren.

Artillerie-beobachtungs-stationen ABS / Batterie-beobachtungs-stationen BBS

Typ	SPW 60PB (ABS)
Einführungszeitraum	ab 1974
Einsatzebene	Artillerieeinheiten
Besatzung in der Batterie	8
Besatzung in der Abteilung	7
Besatzung im AR	9
Gefechtsmasse (kg)	10.300
Länge (mm)	7560
Breite (mm)	2825
Höhe (mm)	2310
Steigfähigkeit (Grad)	30
Grabenüberschreitfähigkeit (mm)	2000
Fahrbereich Straße (km)	500

Von der Vielzahl der in den Artillerie- und Flak-Einheiten genutzten Führungsfahrzeuge kann hier nur ein kleiner Ausschnitt genannt werden. Mit der Einfuhr schneller, hochbeweglicher Artilleriesysteme bzw. Zugmittel für Artilleriesysteme mussten auch die Führungsstellen diesem Tempo angepasst werden. Da die Sowjetunion Führungsstellen nicht in der notwendigen Anzahl liefern konnte, wurden in Panzer- und Kfz-Werkstätten entsprechende Führungsstellen auf Basis von Lkw sowie Ketten- und Rad-SPW für die Truppe umgebaut. So entstanden Artilleriebeobachtungsstellen auf SPW 152W1, auf SPW 60PB oder LO 1800A in der zentralen Instandsetzungsbasis für Bewaffnung. Es

kamen Batteriebefehlsstellen auf SPW 152W1, auf SPW 50PK und SPW 60PB, umgerüstet in Werkstätten der NVA, zum Einsatz.
Der speziell umgerüstete SPW 60PB (ABS) wurde in den Batterien, den Abteilungen und dem AR eingesetzt.
Im SPW waren alle notwendigen Geräte und die Ausrüstung untergebracht, die zur Führung der Artillerieeinheit, zum Zusammenwirken mit anderen Waffengattungen sowie zur Aufklärung und Feuerleitung notwendig waren. Mit Hilfe einer Fernbedienung konnten Nachrichtenverbindungen bedient werden, auch wenn die Besatzung eine Erdbeobachtungsstelle bezogen hatte.

Die Artilleriebeobachtungsstation auf Basis des SPW 60PB. Das Klemmbrett zwischen dem Kanister und der Notausstiegsluke war ein typisches Merkmal der ABS.

Zur Batteriebeobachtungsstation der 57-mm Fla-SFL-Batterie der Flak-Abteilung in den MSD/PD wurde ab 1964 der SPW 50PK umgerüstet. Damit war der BC in der Lage, die Batterie auf dem Marsch und in den Feuerstellungen zu führen und das Feuer der Batterie beim Schießen zu leiten. Die Nachrichtenverbindungen waren sichergestellt und die Luftlage nach den Angaben der Rundblickstation auf der Batterieluftlagekarte dargestellt. Zusätzlich konnten Entfernungen zum Ziel mit dem Entfernungsmessgerät EM-1m gemessen und der Luftraum mit dem Flakfernrohr beobachtet werden. Der Chef TLA der MSD/PD nutzte ebenfalls den SPW 50PK als Führungsstelle. Er wurde als ein Element des Vorgeschobenen Gefechtsstandes der Division zur Führung der Luftabwehrmittel während des Gefechtes genutzt. Dazu wurden die Angaben über die Luftziele von der Führungsstelle der funktechnischen Kompanie oder einem funktechnischen Posten auf einer der beiden Luftlagekarten ausgewiesen.

Typ	SPW 50PK (BBS)
Einführungszeitraum	ab 1964
Einsatzebene	Abteilung
Besatzung	6
Gefechtsmasse (kg)	14.300
Länge (mm)	7070
Breite (mm)	3140
Höhe (mm)	2550
Steigfähigkeit (Grad)	38
Bewaffnung	MG SGMB

Auch der Chef TLA der Armee nutzte den umgebauten SPW 50PK als Führungsstelle im Vorgeschobenen Gefechtsstand der Armee. Er führte die ihm direkt unterstellten Luftabwehrmittel. Dazu beurteilte er unter anderem die Handlungen des Luftgegners und schätzte die Luftlage ein.

Äußerlich konnte man die drei Führungsstellen an den zusätzlichen Antennenhalterungen für die Funkgeräte und an dem auf dem Heckteil montierten Elektroaggregat erkennen.

Der SPW 50PK(LA) als Führungsmittel des Chef TLA der MSD/PD mit zusätzlichem Elektroaggregat auf dem Fahrzeugheck.

Führungsstelle SPW 50PU(A)*

Die ersten Führungsfahrzeuge des Chefs Artillerie der MSD/PD auf SPW 50PU(A) konnten ab 1964 aus der Sowjetunion importiert werden. Der SPW 50PU als Führungsstelle für den Kommandeur einer Division bildete die Basis für die Version (A). Die Führungsstelle war mit je einem Funkgerät R-112, R-113, R-108U, R-105U sowie einer Richtfunkstelle R-403 und einem Empfänger R-311 ausgerüstet. Diese Mittel gestatteten Funkverbindungen im Bereich von 1 bis 70 MHz. Zusätzlich verfügte die Führungsstelle über die Fernsprechvermittlung P-193A und zwei Bordsprechanlagen R-120.

Durch eine besondere Antennenfiltereinrichtung war die Arbeit mehrerer Funkstellen mit nur einer Antenne möglich.

Auf dem SPW konnten bis zu zehn Personen, darunter vier Funker, arbeiten. Die Stromversorgung wurde durch das Bordnetz sichergestellt. Das Nachladen der Akkumulatoren während der Fahrt erfolgte durch einen 3-kW-Generator. Während des Haltens konnte dafür das zur Ausrüstung gehörende absetzbare 1-kW-Aggregat genutzt werden.

Mit der Einführung von taktischen Raketensystemen in den Divisionen der NVA wurde die Ausrüstung der Führungsstelle um eine »Tafel mit Bestand und Einsatzbereitschaft der Raketen« erweitert. Die Führungsstelle SPW 50PU(A) wurde in der Panzerwerkstatt 2 Großenhain umgerüstet.

Der SPW 50PU als Basis für die Artillerieversion SPW 50PU(A).

Führungsstelle PU-12 (9S482)

Die weitere Entwicklung von Führungsstellen in der TLA führte zur automatisierten Führungsstelle PU-12. Sie war bestimmt für die Zielzuweisung und Feuerleitung der Luftabwehrmittel »STRELA 1« und für die Fla-SFL 23-4 »SHILKA« in den MSD/PD. Die Führungsstelle konnte die Angaben über die Luftlage automatisch darstellen, bearbeiten und die Daten zur Führung und Feuerleitung an die Kräfte und Mittel der TLA übermitteln. Dazu war es möglich, Informationen von der RBS 12, der RBS 15, der RBS 18 oder der RBS 40 über Spezialkabel, von bis zu 300 m Entfernung, zu empfangen. Die übertragenen Informationen über die Luftlage, einschließlich der Kennungsabfrage, wurden auf dem Sichtgerät ASPD-12 dargestellt.

Die Station konnte bis zu acht verschiedene Symbole zur Zielzuweisung und Zielcharakterisierung an die unterstellten Einheiten gleichzeitig weiterleiten. Durch ein Navigationsgerät konnten die Koordinaten des Standortes der

Typ	PU-12
Einführungszeitraum	ab 1976
Einsatzebene	Regiment
Besatzung	5
Basisfahrzeug	SPW 60PB
Reichweite R-407 (km)	15
Reichweite R-123 (km)	20
Reichweite R-111 (km)	30
Gefechtsmasse (kg)	10.300
Länge (mm)	7220
Breite (mm)	2825
Höhe (mm)	3350
Steigfähigkeit (Grad)	30
Grabenüberschreitfähigkeit (mm)	2000
Fahrbereich Straße (km)	500

Führungsstelle ständig bestimmt werden. Die standhaften Nachrichtenverbindungen wurden durch die Funkgeräte R-407, R-123 und R-111 gewährleistet. Für die optimale Arbeit des Funkgerätes R-407 befand sich ein 16-Meter-Teleskopmast am Fahrzeug. Die Führungsstelle PU-12 auf SPW 60PB ohne Turm wurde aus der Sowjetunion importiert. Geplant war die Zuführung von 28 Fahrzeugen bis 1980.

Die Führungsstelle PU-12 in Marschlage.

Führungsstellen auf MT-LB*

Die Ausrüstung der Artillerie-Truppenteile mit Zugmitteln vom Typ Ural 375, Tatra 813 und dem Mehrzweck-Zug- und Transportmittel MT-LB erhöhte die Möglichkeit des Einsatzes der Artillerie in jedem Gelände und verbesserte das Zusammenwirken mit den mot. Schützen- und Panzertruppen. Besonders der MT-LB als schwimmfähiges Kettenfahrzeug zeichnete sich durch seine gute Geländegängigkeit, seine hohe Zugkraft und seine Geschwindigkeit aus. Er gewährleistete zusätzlich einen besseren Schutz der Bedienung vor der Waffenwirkung des Gegners und eignete sich damit besonders für den Einsatz als Zugmittel in den Panzerjägereinheiten.

Neben der »Normalversion als Zugmittel« kam der MT-LB als »Führungs- und Aufklärungsfahrzeug des ZF - MT-LB(Pzj.Z)« im Feuerzug der Panzerjägereinheit und als »Führungs- und Aufklärungsfahrzeug des BC - MT-LB(Pzj.F)« der Panzerjägerabteilung zum Einsatz. Entsprechend den spezifischen Einsatzzwecken der Führungsfahrzeuge wurde es notwendig, diese Fahrzeuge mit zusätzlicher Ausrüstung auszustatten bzw. mit Vorrichtungen zur Aufnahme solcher Ausrüstung zu versehen.

Das Zugführerfahrzeug MT-LB (Pzj.Z) erhielt das Entfernungsmessgerät EM 61P, den Richtkreis PAB 2A, das Nachtbeobachtungsgerät NNP-21, das Feuerleitgerät PUO 9, das Funkgerät R-107 und das Fernbediengerät KFG-2M in die Ausrüstung. Mit dem KFG-2M konnte der Zugführer in seiner Feuerstellung die Nachrichtenverbindung, bis zu 300 m vom Führungsfahrzeug entfernt, aufrecht halten.

Das Führungsfahrzeug MT-LB (Pzj.Z). Durch Umrüstungsarbeiten im Fahrzeug war die Unterbringung des verkleinerten Kampfsatzes und der Ausrüstung möglich.

Das Führungsfahrzeug MT-LB (Pzj.F) des BC war ähnlich ausgerüstet wie das des Zugführers. Im BC-Fahrzeug befanden sich zusätzlich das Funkgerät R-108, ein abklappbarer Arbeitstisch sowie eine Kiste für Pioniergeräte, zum Beispiel das Minensuchgerät MSG-70 und der Minenräumsatz KR-M. Das BC-Fahrzeug verfügte zusätzlich über einen zweiten Antennenfuß auf dem hinteren Teil der Wanne.

Der zusätzliche Antennenfuß auf dem hinteren Teil der Wanne und die taktische Nummer wiesen diesen MT-LB als Führungsfahrzeug des BC aus.

Eine weitere Version des MT-LB als Führungsstelle war das »Führungsfahrzeug des Batterieoffiziers der SFL-Artillerie-Abteilung« - MT-LB BO SFL. Als zusätzliche Ausrüstung gegenüber der Normalvariante MT-LB kam ein 10-Meter-Halbteleskopmast mit Arretierung auf dem Wannendach zum Einsatz. Das Funkerpult FuPU R-107M, zwei Richtkreise PAB 2A, das Feuerleitgerät PUO 9 und zwei Funkgeräte R-108 ergänzten die Ausrüstung.

Das Führungsfahrzeug MT-LB BO SFL für den Batterieoffizier einer SFL-Artillerie-Abteilung auf Basis des MT-LB. Der Halbteleskopmast auf dem Wannendach war das markante Merkmal.

Führungskomplex 1W12-1 »MASCHINA«*

Der Führungskomplex 1W12-1 »MASCHINA« war für die Feuerleitung einer 122-mm oder 152-mm SFL-AA und für das ständige und enge Zusammenwirken mit mot. Schützen- und Panzereinheiten in allen Gefechtsarten bestimmt. Der Komplex gewährleistete die Aufklärung des Gegners bei Tag und Nacht und das Ermitteln der Zielkoordinaten. Die Einstellungen für das Schießen wurden vorbereitet und die Führung und Feuerleitung der SFL-AA gewährleistet. Weiterhin konnten die Feuer- und Beobachtungsstellungen vermessen sowie die optischen Geräte und Geschütze orientiert werden.

Die Funkausrüstung garantierte eine stabile Nachrichtenverbindung mit vorgesetzten Führungsstellen, dem Stab der AA und den Batterien sowie den allgemeinen Kommandeuren und den zugeteilten Aufklärungseinheiten. Schließlich konnte die meteorologische Vorbereitung für die SFL-AA durchgeführt werden.

Der Komplex bestand aus dem Führungsfahrzeug 1W15-1 des Abteilungskommandeurs, dem Führungs- und Feuerleitfahrzeug 1W16-1 des Stabchefs der SFL-AA, den drei Führungsfahrzeugen 1W14-1 der BC und den drei Führungsfahrzeugen 1W13-1 der BO. Alle Führungsfahrzeuge waren auf dem gepanzerten Basisfahrzeug MT-LBu aufgebaut, welches eine hohe Beweglichkeit, das Überwinden von Wasserhindernissen sowie den Schutz der Besatzung, der Geräte und Einrichtungen gewährleistete.

Das Führungsfahrzeug 1W15-1 des Abteilungskommandeurs. Ein Halbteleskopmast gehörte zur Ausrüstung sowie drei Kabelrollen, die in einer länglichen Kiste am Heck des Fahrzeuges untergebracht waren.

Zur Beobachtung und Aufklärung benutzten die Fahrzeuge 1W15-1 des Abteilungskommandeurs und 1W14-1 des BC den Laserentfernungsmesser 1D8, stereoskopische Entfernungsmess- und kombinierte Beobachtungsgeräte sowie ein Rundblickvisier. Zum Vermessen und Orientieren kamen Vermessungseinrichtungen, ein Kreiselkompass sowie ein Richtkreis zum Einsatz. Jedes Fahrzeug verfügte über mehrere Funkgeräte sowie je drei Kabel-

Das bis 1982 eingeführte Führungsfahrzeug 1W14-1 des BC. Das Fahrzeug war mit alten Wasserleitblechen ausgerüstet.

Das Fahrzeug 1W14-1, eingeführt ab 1983, mit verbesserten Wasserleitblechen. An der rechten Turmseite befand sich der Panzerschutz für das Nachtsichtgerät, auf dem Turm links das Entfernungsmessgerät, daneben das Schutzgehäuse für das Tagvisier des kombinierten Beobachtungsgerätes.

trommeln mit 500 m Feldkabel und zwei Fernsprecher.

Die Vorbereitung der Einstellungen für das Schießen ermöglichten das Feuerleitgerät FLG-9M sowie der meteoballistische Verbesserungsrechner MBV. Als Bewaffnung nutzten beide Fahrzeuge das 7,62-mm Panzer-MG PKMB mit einem Kampfsatz von 2000 Patronen sowie die Panzerbüchse RPG-7 mit einem Kampfsatz von fünf Granaten. In der Ausstattung mit Funkgeräten gab es kleine Unterschiede. In der Maschine 1W15-1 kam zusätzlich das Sprachschlüsselgerät T-219M zum Einsatz. Zur Besatzung des Fahrzeuges 1W15-1 gehörten sieben, zum Fahrzeug 1W14-1 sechs Besatzungsmitglieder.

Das Führungs- und Feuerleitfahrzeug 1W16-1 des Stabschefs der SFL-AA nutzte zur Vorbereitung der Einstellungen für das Schießen die elektronische Rechenmaschine 9W59 mit Fernschreibmaschine, das Feuerleitgerät FLG-9M

und den meteoballistischen Verbesserungsrechner MBV. Die Rechenmaschine erlaubte das schnelle Lösen von Schießaufgaben, das automatische Übertragen der Angaben für das Schießen in die Feuerstellungen der Batterie sowie das Lösen von topographisch-geodätischen Aufgaben. Dabei konnten die Ausgangsangaben für das Lösen der Aufgaben mit Hilfe der Tastatur des Steuerpultes, der Tastatur der Fernschreibmaschine oder mit Hilfe eines 5-Kanal-Lochstreifens über den Lochstreifensender der Fernschreibmaschine eingegeben werden.

Fünf Funkgeräte stellten die Nachrichtenverbindungen sicher. Dazu kamen drei Kabeltrommeln mit je 500 m Feldkabel und zwei Feldfernsprecher. Der meteorologische Gerätesatz PMK und das Kernstrahlungs- und chemische Aufklärungsgerät GO-27 wurden zur Aufklärung eingesetzt. Als Turmbewaffnung fand das 12,7-mm Fla-MG DSchK mit 500 Patronen Verwendung. Gegen Ende der 80er Jahre kam das

Das Führungsfahrzeug 1W16-1 konnte am Heckaufsatz des Turmes identifiziert werden.

12,7-mm Fla-MG NSW zum Einsatz. Zusätzlich war die Panzerbüchse RPG-7 mit fünf Granaten am Fahrzeug. Zur Besatzung gehörten sieben Mitglieder. Das in der 122-mm SFL-AA eingesetzte Fahrzeug erhielt die spezifizierte Bezeichnung 1W16-1(1), das in der 152-mm SFL-AA eingesetzte Fahrzeug die Bezeichnung 1W16-1(2). Diese beiden Bezeichnungen resultierten aus den unterschiedlichen Programmierungen der elektronischen Rechenmaschinen, die zum Errechnen der Einstellungen für das Schießen der Waffensysteme 2S1 und 2S3M genutzt wurden.

Die Besatzung des Batterieoffiziers auf dem Führungsfahrzeug 1W13-1 ermittelte die Koordinaten der Feuerstellung, orientierte die Geschütze in der Grundrichtung, empfing die Angaben von der elektronischen Rechenmaschine des Stabschefs durch den automatischen Kommandoempfänger und ermittelte damit die Einstellungen für das Schießen. Für diese komplexen Aufgaben befand sich im Fahrzeug eine Vermessungseinrichtung, ein Kreiselkompass, ein periskopisches Visier, ein Entfernungsmessgerät und der Richtkreis PAB 2A. Drei Funkgeräte und die obligatorischen drei Kabelrollen mit zwei Feldfernsprechern stellten die Nachrichtenverbindungen sicher. Auch der Batterieoffizier nutzte das Feuerleitgerät FLG-9M und den meteoballistischen Verbesserungsrechner. Das Fahrzeug 1W13-1 verfügte über ein 12,7-mm Fla-MG mit 500 Patronen sowie über die Panzerbüchse RPG-7 mit fünf Granaten. Die Besatzung bestand aus sechs Mann.

Das Führungsfahrzeug 1W13-1 war gut zu erkennen an der Schutzhaube auf dem Turm für das periskopische Visier PW-1.

Kommando-Stabsfahrzeug MP-24M

Typ	MP / 24M
Einführungszeitraum	1986
Einsatzebene	Division
Länge in Marschlage (mm)	7792
Breite in Marschlage (mm)	1850
Höhe ohne Antenne (mm)	2300
Spurweite (mm)	2500
Bodenfreiheit (mm)	400
Basisfahrzeug	MT-LBu
Bedienung	4 +
Höchstgeschwindigkeit (km/h)	60

Das Kommando-Stabsfahrzeug MP-24M wurde für die artilleristische Sicherstellung im Automatisierten Feld-Führungssystem (AFFS) »PASUW« (Index 9S743) in der taktischen Ebene eingesetzt. Das AFFS vereinfachte die Prozesse der Führung einer Division erheblich. Durch die Integration neuer, hochleistungsfähiger Waffensysteme, wie die Fla-Raketenkomplexe »STRELA 10M« oder »OSA-AK«, das Führungssystem »MASCHINA« der Artillerie oder die Raketensysteme »TOTSCHKA« sowie »OKA« war es unumgänglich, eine rechnergestützte Führung und Feuerleitung zu installieren. Gleichzeitig wurde es notwendig, Schnittstellen zu schaffen, an die sich auch nachfolgende Waffenkomplexe problemlos anschließen ließen. Folgerichtig kam die Bestellung des ersten Systems für rund 160 Millionen Mark zum Einführungszeitraum 1985.

Die Unmengen an Meldungen, Befehlen sowie Anordnungen konnten ohne Zeit- und Informationsverlust vom Divisionsstab bis in die Regimenter übermittelt werden. Der entgegengesetzte Informationsfluss ließ die Weitergabe von Aufklärungsergebnissen, Vollzugsmeldungen oder Situationsberichten sofort an Vorgesetzte zu.

Das Kommando-Stabsfahrzeug MP-24M aus polnischen Beständen. Das Fahrzeug MP-24M war am Laserentfernungsmesser DAK-2 zwischen den beiden Luken vorn auf der Wanne zu erkennen.

Einen großen Raum in diesem Komplex nahmen die Führungsfahrzeuge der Raketentruppen und Artillerie ein, die ausgerüstet waren mit dem Kommando-Stabsfahrzeug der Reihe MP-24. Es wurden für die Ausstattung einer MSD folgende Fahrzeuge für die Artillerie verwendet: das Kommando-Stabsfahrzeug MP-24M für den »Chef RTA«, das Kommando-Stabsfahrzeug MP-24M1 für den »Stabschef RTA« und für den »Stellvertreter des Kommandeurs und Stabschefs des AR« sowie das Kommando-Stabsfahrzeug MP-24M2 für den »Kommandeur des AR«, für den »Leiter Artillerie auf dem Gefechtsstand des MSR«, für den »Kommandeur der GeWA« und für den »Kommandeur der 1. und der 2. AA«. Der spezielle Rechnerkomplex RTA BETA 3M wurde zu diesen acht Fahrzeugen beschafft und für die rechentechnische Sicherstellung des Stabes RTA auf dem Gefechtsstand der Division eingesetzt. Die Fahrzeuge verfügten über das Sprach-

schlüsselgerät T-219M, das für die verschlüsselte Nachrichtenübertragung der fünf bis sechs Funkgeräte genutzt wurde. Weiterhin befanden sich ein Bordrechner, Drucker und Computerbildschirme sowie Datenübertragungsgeräte und Koordinatenlesegeräte in der Ausrüstung. Das Basisfahrzeug MT-LBu ohne Turm und Bewaffnung erhielt hinten rechts an der Fahrzeugwanne einen Behälter für ein Stromversorgungsaggregat.

Die Besatzung bestand aus vier Mann Stammbesatzung, weitere Plätze waren im Kommandeurs- und Funkerraum vorhanden. Geliefert wurden die Fahrzeuge aus der VR Bulgarien. Im »Plan der Maßnahmen in Verbindung mit der Reorganisation der NVA« von 1990 wurde zur Verwendung bzw. Vernichtung sensitiver Dokumente, Technik und Bewaffnung der NVA festgelegt, dass der gesamte Komplex »PASUW« an die Sowjetunion zurückgegeben werden musste.

Der Rechnerkomplex RTA BETA 3M aus dem polnischen KSE-Katalog.

Führungsstelle PU auf UAZ 469

Diese wenig bekannte Variante eines Führungsfahrzeuges wurde für den Batterieoffizier auf dem Pkw UAZ 469 aufgebaut. Das Fahrzeug erschien weder in einer Übersicht noch in einem Katalog. Der BO war unter anderem für das Vermessen der Feuerstellungen und das Einrichten der Geschütze verantwortlich. Er ermittelte die Angaben und die Korrekturen für das Schießen. Er hielt ständig Verbindung zum Stabschef der AA, zum BC und zu den Geschützführern. Ein ehemaliger Offizier berichtete: »In der Artillerieabteilung 1, aber auch in anderen gezogenen Batterien, wurde ein UAZ 469 als BO-Fahrzeug verwendet. Es gab ver-schiedene Bestückungen mit Funk- und Kommandofernübertragungsgeräten. Einzelne Artillerieabteilungen, die diesen sogenannten PU hatten, waren mit einer Empfangsanlage ausgestattet, die die Kommandos des PU wiedergaben. Wir in der AA-1 hatten so etwas nicht. Wir haben komplett mit Hand und FLG (mechanisches Feuerleitgerät 9 und Abarten) gearbeitet. Die Besatzung bestand aus dem Fahrer, dem Batterieoffizier, einem Rechner sowie den Funkern 1 und 2. Zur Ausrüstung des Fahrzeuges gehörten zwei Funkgeräte R-108, ein Funkgerät R-107, das Kommandofernübertragungsgerät KFD sowie andere artilleristische Hilfsmittel. Der zu sehende Tisch auf dem Foto war eine Eigenkonstruktion, die wohl auf einen Neuerervorschlag aus dem AR 1 aus ‚alten‘ Tagen zurück ging. Ähnliches war aber in dieser Form überall üblich«.

Die Führungsstelle PU auf UAZ 469, das Führungsfahrzeug des Batterieoffiziers.

Automatische Vermessungs-einrichtung auf GAZ 69

Typ	GAZ 69TMG-2
Einsatzebene	Vermessungs-züge
Gesamtmasse (kg)	2555
Länge in Marschlage (mm)	3850
Breite in Marschlage (mm)	1850
Höhe ohne Antenne (mm)	2030
Zeit zum Herstellen der Einsatz-bereitschaft (min)	25
Spurweite (mm)	1440
Bodenfreiheit (mm)	210
Achsstand (mm)	2300
Basisfahrzeug	GAZ 69Ä
Bedienung	3
Arbeitsgeschwindigkeit (km/h)	50
Höchstgeschwindigkeit (km/h)	90

Der Vermessungswagen GAZ 69T kam ab 1959 in die Artillerie-Instrumental-Aufklärungs-einheiten, 1961 folgte die Version GAZ 69TM. Das Vermessen von Gefechtsordnungen der Artillerie innerhalb kürzester Zeit sowie das Führen von Marschkolonnen auf festgelegten Marschstraßen waren seine Aufgabengebiete. Zusätzlich konnten bereits vorhandene Vermes-sungsergebnisse überprüft und Marschstraßen aufgeklärt werden. Bei der Version GAZ 69TM befanden sich auf dem Basisfahrzeug GAZ 69Ä eine Navigationsausrüstung, ein Richtkreis, das Entfernungsmessgerät DSP-30 und das Nacht-sichtgerät PNW-57.

Die Navigationsausrüstung gliederte sich in die Visiereinrichtung WTR, den Streckenübertrager, den Kurstisch KP-1 sowie dem Kursanzeiger KA-2. Der Kursanzeiger ermittelte die Verände-rungen des Richtungswinkels der Fahrtrichtung. Diese wurden auch auf den Kurstisch übertra-gen, der automatisch die laufenden Koordina-ten des momentanen Standpunktes des Fahr-zeuges ermittelte.

Mit Einführung des Kreiselkompasses AG und dem Kurstisch KP-1M ab 1962 erhielt das Vermessungsfahrzeug die Bezeichnung GAZ 69TMG. Ab Anfang der 70er Jahre kam die modernisierte Version, das Vermessungsfahr-zeug GAZ 69TMG-2, in die Artillerieeinheiten. Das Fahrzeug erhielt einen neuen Kursanzeiger 1G13M, einen verbesserten Kurstisch KP-3 und die neue Visiereinrichtung WO.

Das Vermessungsfahr-zeug GAZ 69TMG als Ausstellungsexponat im »Garnisionsgeschichte St. Barbara Jüterbog e.V.« in Altes Lager.

Vermessungs-fahrzeug UAZ 452T

Typ	UAZ 452T
Einführungszeitraum	ab 1971
Einsatzebene	Vermes-sungszüge
Arbeitszeit ohne Neuorientierung (h)	7
Messungenauigkeit (%)	0,5 bis 0,7
Gesamtmasse (kg)	2850
Länge in Marschlage (mm)	4360
Breite in Marschlage (mm)	1940
Höhe ohne Antenne und Visier (mm)	2090
Zeit zum Herstellen der Einsatzbereitschaft (min)	15
Fahrbereich (km)	500
Bodenfreiheit (mm)	220
Watfähigkeit (mm)	550
Basisfahrzeug	UAZ 452AÄ
Arbeitsgeschwindigkeit (km/h)	40
Höchstgeschwindigkeit (km/h)	95

Ursprünglich als »Automatische Vermessungs-einrichtung 452T auf Spezial-Kfz«, kam das Vermessungsfahrzeug UAZ 452T zum automa-tischen Vermessen von Elementen der Gefechtsordnung der RTA, also Start- und Feu-erstellungen, zum Einsatz. Genutzt wurde das Fahrzeug in den Vermessungszügen. Weitere Einsatzmöglichkeiten waren das Schaffen von Ausgangspunkten, die Überprüfung von Ver-messungsergebnissen, das Aufklären von Marschstraßen sowie das Führen von Kolon-nen. Als Basisfahrzeug kam der UAZ 452AÄ zum Einsatz. Hauptelemente der Navigations-ausrüstung waren der Kurstisch KP-4, der Kursanzeiger GAK und das Rundblickvisier WOP. Ein Richtkreis PAB 2A, das Entfernungs-messgerät DSP-30, der Kreiselkompass 1G9 und ein Funkgerät vom Typ R-123M vervoll-ständigten die Ausrüstung. Bei der Arbeit des Fahrzeuges wurden ständig Daten über die zurückgelegte Strecke mit Hilfe eines Strecken-übertragers, der über eine biegsame Welle mit der Vorderachse des Fahrzeuges verbunden war, an den Kurstisch übertragen. Richtungs-änderungen wandelte der Kursanzeiger in elek-trische Signale um und leitete sie ebenfalls an den Kurstisch weiter. Im Kurstisch wurden die laufenden Koordinaten erarbeitet und die Weg-strecke aufgezeichnet. Somit konnte die Bedie-nung ständig die momentanen Koordinaten des Fahrzeuges ermitteln. Ab Anfang der 80er Jahre erhielt das Vermessungsfahrzeug den Kreisel-kompass 1G17, die Bezeichnung für das Fahr-zeug änderte sich in UAZ 452T-2.

Das typische Erkennungsmerk-mal des Vermes-sungsfahrzeuges UAZ 452T war der turmförmige Aufbau für das Rundblickvisier WOP, der in diesem Fall geöffnet war.

Schallmesskomplex PSK (1B19)

In den Artillerie-Instrumental-Aufklärungseinheiten wurden ab 1962 die transportablen Schallmessstationen Stsch-4M und Stsch-6M und ab 1977 der mobile Schallmesskomplex PSK (Index 1B19) eingeführt. Der Komplex PSK hatte den gleichen Gerätesatz wie die Station Stsch-4M. Er bestand grundsätzlich aus dem zentralen Punkt, gebildet aus zwei Lkw GAZ 66, dem Warnposten auf UAZ 452 und vier Schallmessposten auf je einem UAZ 452. Die Ausrüstung der vier Posten bestand einheitlich aus Beobachtungs- und Messgeräten sowie mehreren Nachrichtenmitteln. Zusätzlich verfügten zwei Schallmessposten über automatische Vermessungseinrichtungen. Der Komplex konnte um zwei weitere Schallposten erweitert werden. 1980 erfolgte die Zuführung des Schallmesskomplexes PSK-M, der grundsätzlich aus neun Stationen bestand. Der zentrale Punkt setzte

Typ	Auswerte-fahrzeug
Einführungszeitraum	ab 1977
Einsatzebene	AIA
Aufklärungsentfernung Geschütze (km)	25
Entfaltungsbreite bei 4 Schallmessposten (km)	4–5
Breite des Aufklärungsstreifens (km)	5–6
Entfaltungsbreite bei 6 Schallmessposten (km	5–7
Breite des Aufklärungsstreifens (km)	6–8
Zeit zum Herstellen der Einsatzbereitschaft (min)	60
Zeit zum Herstellen Marschbereitschaft (min)	30
Basisfahrzeug	GAZ 66
Koffer	K-66
Basisfahrzeug	UAZ 452
Marschgeschwindigkeit (km/h)	90

sich aus einem Auswerte- und einem Hilfsfahrzeug zusammen. Beide Fahrzeuge nutzten den Lkw GAZ 66 mit Koffer K-66. Der Warnposten PRD und die sechs Schallmessposten waren

Der Warnposten mit Beobachtungsvisier WOP, aufgebaut auf dem Lkw UAZ 452.

jeweils im Koffer eines Lkw UAZ 452 untergebracht. Die Schallmessposten 2, 4 und 6 bauten auf der Basis des Vermessungswagens UAZ 452T-2 auf. Zum Bestand des Komplexes gehörte ein zweiter, transportabler Warnposten-Gerätesatz, der im Hilfsfahrzeug untergebracht war. Die Schallposten wurden in Form eines Kreisbogens entfaltet, dessen Zentrum sich in der Mitte des Aufklärungsstreifens befand. Dabei durfte der Abstand zwischen den einzelnen Schallmessposten höchstens 1000 bis 1500 m betragen. Die Informationsübertragung konnte per Draht- oder per Funkverbindung sowie als kombinierte Draht- und Funkverbindung erfolgen. Das Verlegen der Kabel erfolgte aus der Bewegung.

Der Schallmesskomplex registrierte den Abschuss oder Einschlag eines Geschosses. Die Schallschwingungen wurden von den Schallempfängern der Schallmessposten in elektrische Schwingungen umgewandelt und an das Auswertefahrzeug des zentralen Punktes übermittelt. Im Auswertefahrzeug wurden diese Signale verstärkt, umgewandelt und aufgezeichnet. Die Koordinaten der Ziele wurden nach dem Zeitunterschied des Auftretens der Schallwellen auf die Empfänger der einzelnen Schallmessposten, deren Lage im Gelände genau bekannt war, bestimmt. Die Gefechtsordnung des Komplexes konnte aus sechs oder vier Schallmessposten, einem oder zwei Warnposten, dem zentralen Punkt und dem meteorologischen Posten bestehen.

Die Schallmessposten und der Warnposten wurden über Feldkabelleitungen oder über spezielle Funkgeräte mit dem Auswertepunkt verbunden. Der diensthabende Aufklärer des Warnpostens drückte im Moment des Aufblitzens eines Abschusses oder des Wahrnehmens eines Abschusses den mit dem Kontrollgerät verbundenen Einschaltknopf. Das Kontrollgerät des Warnpostens war über die aufgebaute Drahtverbindung mit dem zentralen Punkt verbunden, die Registrierung begann. Erreichte der Schall die Schallposten, wurden die Schallwellen in elektrische Signale umgewandelt und ebenfalls an den zentralen Punkt geleitet. Im zentralen Punkt konnten dann die genauen Koordinaten errechnet werden.

Fahrzeug der Schallmessposten 1, 3 und 5, über den Türen befanden sich Signallampen für den Marsch, in der linken Tür unten war eine Klappe zum Verlegen des Fernsprechkabels angeordnet.

Schallmess-komplex AZK-5 (1B17)

Typ	System S-1
Einführungszeitraum	1989
Einsatzebene	Armee
Aufklärungsentfernung Geschütze (km)	12–16
Aufklärungsentfernung Granatwerfer (km)	5–8
Zeit zum Ermitteln der Koordinaten (s)	15
Zeit zum Herstellen der Einsatzbereitschaft (min)	40–45
Zeit zum Herstellen Marschbereitschaft (min)	15–30
Basisfahrzeug	ZIL 131
Koffer	K4.131
Fahrbereich (km)	850
Ununterbrochene Arbeit (h)	2
Länge in Marschlage (mm)	7450
Breite in Marschlage (mm)	2570
Höhe in Marschlage (mm)	3380
Masse Gerätefahrzeug (kg)	9500
Bedienung	6
Stromversorgungsgeräte	AB-1-0/230

Der Schallmesskomplex AZK-5 (Index 1B17), eingesetzt in den Schallmessaufklärungseinheiten, war für die Aufklärung der Feuerstellen von Geschützen und Granatwerfern vorgesehen. Weiterhin ermittelte er Angaben für die Korrektur des Schießens der eigenen Artillerie. Der Komplex bestand aus den Systemen S-1, S-2 und S-3. Das System S-1 bildete mit drei Fahrzeugen die Basispunkte BP-1 bis BP-3. Die BP empfingen die akustischen Signale in Form von Schallwellen, die beim Abschuss von Geschützen der Erdartillerie und beim Einschlag der Granaten hervorgerufen wurden. Im Gelände bildeten die drei Schallempfänger eine dreieckförmige Basis.

Nach der ersten Bearbeitung der akustischen Signale wurden diese Angaben über Nachrichtenmittel an den zentralen Punkt, den die Systeme S-2 und S-3 bildeten, weitergeleitet. Die Übertragung der Informationen von den BP zum zentralen Punkt erfolgte in der Regel über verlegte Fernsprechleitungen bis 5000 m. Wenn Funkbetrieb möglich war, wurden die Informationen über Funkgeräte der Typen R 107M oder R 159 weitergeleitet. Die Stromversorgung der BP erfolgte über absetzbare Elektroaggregate, Akkumulatoren oder einen Generator.

Einer der drei Basispunkte, der die akustischen Signale empfing.

Das System S-2 bildete gemeinsam mit dem System S-3 den zentralen Punkt des Komplexes. Das System S-2 gewährleistete den Empfang der verschlüsselten, phasenmodulierten Signale der Aufklärungsergebnisse und der Sprachsignale der BP. Die empfangenen Signale wurden zur Eingabe in die elektronische Rechenmaschine »Argon-1« vorbereitet und eingegeben. Nach Ermittlung der Zielkoordinaten wurden die Ergebnisse entsprechend ihrer Zweckbestimmung auf ein Streifenband für die Fernschreibmaschine aufgedruckt und an das System S-3 weiter vermittelt. Um eine genaue Zusammenarbeit zu garantieren, synchronisierte das System S-2 die elektronischen Zeitzähler der drei Basispunkte auf eine einheitliche Arbeitszeit durch die Ausgabe entsprechender Synchronisationssignale. Die Energieversorgung übernahm im Arbeitsregime ein absetzbares Elektroaggregat.

Das System S-3 gewährleistete die Sicherstellung der Nachrichtenverbindungen in der entfalteten Gefechtsordnung und auf dem Marsch. Mit den entsprechenden Nachrichtenmitteln konnten die ermittelten Zielkoordinaten zeitnah an die Führungsstelle weitergeleitet werden. Außerdem konnten mit dem meteorologischen Gerätesatz PMK die Bodenwerte bestimmt wer-

Typ	System S-2
Einführungszeitraum	1989
Einsatzebene	Armee
Zeit zum Herstellen der Einsatzbereitschaft (min)	45
Zeit zum Herstellen Marschbereitschaft (min)	30
Basisfahrzeug	ZIL 131
Koffer	K4.131
Fahrbereich (km)	850
Länge in Marschlage (mm)	7450
Breite in Marschlage (mm)	2570
Höhe in Marschlage (mm)	3380
Masse Gerätefahrzeug (kg)	9500
Bedienung	6
Stromversorgungsgeräte	AB-1-0/230

den. Gleichzeitig war das System S-3 mit Mitteln zum Empfang und zur Bearbeitung der Einheitswettermeldung ausgestattet, die von den meteorologischen Einheiten gegeben wurden. Die taktisch-technischen Angaben entsprachen in etwa dem System S-2. Alle drei Systeme waren in einem Koffer vom Typ K4.131 auf einem Lkw ZIL 131 untergebracht. Der Koffer K4.131 war hermetisiert und verfügte über eine Filterventilationsanlage, die bei kontinuierlicher Frischluftzufuhr einen Überdruck im Kofferaufbau gewährleistete.

Das Auswertefahrzeug des Schallmesskomplexes AZK-5.

Elektroaggregat ÄSD 2-12

In den Fla-SFL-Batterien und Lehreinrichtungen, die mit der Fla-SFL 23-4 ausgerüstet waren, wurde ab 1973 das Elektroaggregat ÄSD 2-12 zur Stromversorgung der Fla-SFL 23-4 im Stand eingeführt. Die Einführung dieses Elektroaggregates wirkte sich positiv auf die Einsatzbereitschaft der Technik aus, da es für die erforderlichen Betriebsstunden bei der Instandhaltung und Ausbildung genutzt werden konnte. Somit wurden wertvolle Nutzungsstunden des Motors der SFL und der Gasturbine gespart. Weiterhin konnte die Instandhaltung und die Ausbildung an der SFL vom stationären Stromnetz organisiert werden. Als Zugmittel wurde ein Transport-Ladefahrzeug oder das EWZ-Fahrzeug der Fla-SFL-Batterie genutzt. Der Fahrer musste für eine Doppelverwendung, Kraftfahrer / Aggregatewart, ausgebildet und eingesetzt werden. Das Prinzip der Stromerzeugung war einfach, der Dieselmotor JAZ-M

Typ	Elektroaggregat
Einführungszeitraum	ab 1973
Einsatzebene	Fla-SFL-Batterie
Maximale Leistung (kW)	12
Maximale Spannung Wechselstrom (V)	230
Maximale Spannung Gleichstrom (V)	28
Frequenz (Hz)	400
Nennstrom Wechselstrom (A)	43
Nennstrom Gleichstrom (A)	210
Basisfahrgestell	2-PS-2
Länge in Marschlage (mm)	5750
Breite in Marschlage (mm)	1890
Höhe in Marschlage (mm)	2475
Masse	3600
Bedienung	1
Zugmittel	Ural 375

204G wurde mit dem Generator GSS 2-12 gekoppelt. Im Dauerbetrieb wurden 230 V Wechselspannung und zwei mal 28 V Gleichspannung erzeugt. Montiert war die Stromversorgungsanlage auf dem Zweiachs-Fahrgestell 2-PN-2.

Das Elektroaggregat ÄSD 2-12 in Marschlage.

Elektroaggregat ÄSD-20-WL/230/Tsch400

Typ	Elektro-aggregat
Einsatzebene	Fla-SFL-Batterie
Maximale Leistung (kW)	20
Maximale Spannung Wechselstrom (V)	230
Maximale Stromstärke (A)	63
Frequenz (Hz)	400
Ununterbrochene Betriebsdauer (h)	50
Basisfahrgestell	2-PN-2
Länge in Marschlage (mm)	4085
Breite in Marschlage (mm)	1890
Höhe in Marschlage (mm)	2230
Achsstand (mm)	2400
Spurbreite v/h	1590/1590
Masse	3850
Höchstgeschwindigkeit (km)	60
Zugmittel	ZIL 157 oder 131

Das Elektroaggregat ÄSD-20-WL/230/Tsch400 diente in Verbindung mit der Funkmesswerkstatt KRAS-1RSch zur Wartung und Instandsetzung der Fla-SFL 23-4. Das Elektroaggregat war auf dem Zweiachs-Fahrgestell 2-PN-2 montiert. Aus der Gerätebezeichnung ließ sich ableiten, dass es sich um ein fahrbares Dieselelektroaggregat (ÄSD) handelte, eine Leistung von 20 kW (20) aufbrachte, über eine Zusatzeinrichtung (WL) verfügte und eine Spannung von 230 V (/230) mit einer Frequenz von 400 Hz (/Tsch400) erzeugte. Im Laufe der technischen Entwicklung wurde das Aggregat modernisiert und erhielt dann ein »M« und später eine Zahl für die laufende Nummer der Modernisierung in die Bezeichnung. Die wichtigsten Baugruppen waren der Motor D65A1, der Generator GSW-20, zwei Akkumulatoren, ein Kabel- und ein EWZ-Satz. Sämtliche Baugruppen waren am Rahmen oder an der Verkleidung befestigt.

Das Elektroaggregat ÄSD-20-WL/230/Tsch400-M2 verfügte anstatt des Motors und des Generators über den Umformer 400/50 Hz. Die Hauptkabel wurden auf Kabeltrommeln gewickelt und am Fahrgestell befestigt. Der EWZ-Satz befand sich in Kisten, die ebenfalls am Fahrgestell 2-PN-2 befestigt waren.

Das Elektroaggregat ÄSD-20-WL/230/Tsch400, das in mehreren Versionen seit Anfang der 60er Jahre in der NVA genutzt wurde.

Funkmess-werkstatt KRAS-1RSch

Die fahrbare Funkmesswerkstatt KRAS-1RSch wurde zur Instandhaltung der Fla-SFL 23-4 eingesetzt. Sie wurde in den Flak-Batterien der MSR/PR sowie in den Artilleriewerkstätten der MB verwendet. Seit 1968, mit Einführung der Fla-SFL, wurde sie in den speziellen Importplan aufgenommen. Die Kosten für eine Werkstatt betrugen ca. 333.000 Mark. Die Werkstatt gewährleistete die schnelle und qualitative Instandsetzung und Wartung der Fla-SFL im Kasernenbereich, aber auch im Gelände. Zur Bedienung der Werkstatt und zur Durchführung der Instandsetzungsmaßnahmen an den elektronischen Teilen der SFL kamen in den SFL-Batterien der Zugführer des technischen Zuges und ein Funkmessobermechaniker/Kraftfahrer zum Einsatz.

In den Artilleriewerkstätten der MB arbeiteten auf der Werkstatt ein Offizier als Ingenieur für

Typ	Werkstatt
Einsatzebene	Fla-SFL-Batterie
Basisfahrgestell	ZIL 157 KG
Länge in Marschlage (mm)	7300
Breite in Marschlage (mm)	2470
Höhe in Marschlage (mm)	3300
Gesamtlänge Zug (mm)	12.1000
Masse Werkstatt (kg)	8600
Masse Elektroaggregat (kg)	3850
Höchstgeschwindigkeit (km)	60
Arbeitsplätze	2 oder 3

Funkmessfeuerleitgeräte, ein Funkmessobermechaniker und ein Geschützmeister. Die Funkmesswerkstatt bestand aus dem Werkstattfahrzeug, Basis war der Lkw ZIL 157 KG, und dem Elektroaggregat ÄSD-20-WL/230/Tsch400 auf Zweiachs-Fahrgestell 2-PN-2.

Durch die Einführung weiterentwickelter Fla-SFL war es notwendig geworden, die Zusammensetzung des im Koffer mitgeführten EWZ zu modifizieren. Gleichzeitig wurde das Basisfahrzeug ausgewechselt und der ZIL 157KG durch den ZIL 131 ersetzt.

Die Funkmesswerkstatt KRAS-1RSch wurde in der NVA auf den Basisfahrzeugen ZIL 157 oder ZIL 131 genutzt.

Optikwerkstatt RWD-1

Typ	Werkstatt
Einführungszeitraum	1973
Einsatzebene	Division
Basisfahrgestell	Ural 375D (K)
Typ Koffer	K 375PS
Länge in Marschlage (mm)	8180
Breite in Marschlage (mm)	2540
Höhe in Marschlage (mm)	3105
Bodenfreiheit (mm)	410
Fahrbereich (km)	570
Watfähigkeit (mm)	1500
Höchstgeschwindigkeit (km)	60
Arbeitsplätze	4

Die Optikwerkstatt RWD-1 wurde für die Sicherstellung der Instandsetzung der optischen Richt- und Beobachtungsgeräte auf dem Gebiet des RWD in der NVA entwickelt und durch die zentrale Instandsetzungsbasis für Bewaffnung produziert. Die Aufnahme einer Vielzahl neuer optischer Geräte in die Ausrüstung der NVA erforderte die Modernisierung der für diese Arbeiten vorhandenen Optikwerkstatt auf Kfz G 5. Ab 1973 begann die Auslieferung an die Instandsetzungsbataillone der Divisionen, an die 3. Flak-Brigade sowie an die Waffenwerkstätten und Lager der LSK/LV, der Volksmarine und der Grenztruppen der DDR.

Als Basis fand der Lkw Ural 375D (K) mit dem bei vielen Werkstätten verwendeten Koffer K 375PS Verwendung. Im Koffer waren vier Arbeitsplätze eingerichtet. Drei Arbeitsplätze standen den Optikermeistern zu Verfügung, der vierte Platz war für den Elektromechaniker vorgesehen. Im Koffer befanden sich allgemeine und Spezialwerkzeuge für die Demontage, Montage und Instandsetzung optischer Geräte. Zur Werkstatt gehörten Vorrichtungen zum Prüfen und Justieren der Geräte. Der Koffer bot ebenfalls die Möglichkeit, Ersatzteile und Verbrauchsmaterialien mitzuführen. Die Stromversorgung konnte wahlweise durch den Anschluss an das Ortsnetz, an ein Diesel-Elektroaggregat oder an das zur Ausrüstung gehörende Benzin-Elektroaggregat sichergestellt werden.

Der Kofferaufbau wurde in der NVA für die verschiedensten Werkstätten genutzt, auch für die Optikwerkstatt RWD-1.

TLA der Armee / Chef RTA

Typ	Koffer Typ 1a und 6
Einsatzebene	Armee
Basisfahrzeug (zum Beispiel)	W 50-LA/A/C
Koffertyp	Halle
Länge gesamt (mm)	6600
Länge Koffer (mm)	4600
Breite (mm)	2760
Breite in Arbeitsstellung (mm)	6100
Höhe (mm)	3580
Höhe Koffer (mm)	1890
Stromversorgung	Elektroaggregat
Fläche (m²)	25

Die Einführung von Stabsfahrzeugen war notwendig, um die Einsatzbereitschaft der Stäbe und Truppen zu gewährleisten. Somit war die Führung von Truppenteilen und Verbänden, aber auch die Zusammenarbeit benachbarter Einheiten möglich. Da die Stäbe in relativ großer Entfernung vom vorderen Rand der Handlungen entfernt waren, wurden verschiedene Lkw mit speziellen, zum Teil aufklappbaren Koffern versehen. So kam zum Beispiel der Lkw G5 mit Koffer als G5-Stabs-KOM-64 für den Chef Artillerie ab 1964 zum Einsatz. Er diente als Arbeitsplatz für den Chef Artillerie eines MB und der operativen Gruppe des Artilleriestabes. In den 80er Jahren bestand ein Stabs-Kfz unter anderem aus einem Basis-Kfz mit 10-ft ISO-Containeranschluss und einem absetzbaren

Faltkoffer. Als Basis-Kfz fanden unter anderem der Ural 375 D/C, der Ural 4320, der ZIL 131, der L 60 4x4 AC-N oder der W 50-LA/A/C Verwendung.

Da alle Lkw über die gleichen Containeranschlüsse verfügten, waren sie nicht mehr an

Ein entfalteter Stabskoffer vom Koffertyp »Halle« auf einem Lkw W 50-LA/A/C verlastet.

den Koffer gebunden. Ein spezieller Führungspunkt für die Führungsorgane der Artillerie und der Truppenluftabwehr waren zum Beispiel »Die Stabsfahrzeuge Typ 1a (PI) und Typ 6 des Vereinigten Gefechtsführungszentrums der Fliegerkräfte/Truppenluftabwehr der Armee«. Die beiden Stabsfahrzeuge waren mit je einem Faltkoffer ausgestattet, die neben einander aufgestellt und mit einander verbunden wurden. Beide Koffer hatten die gleichen Maße, waren jedoch in der Ausstattung unterschiedlich. In ihnen befanden sich sämtliche Mittel und Geräte, die zur Erfüllung der militärischen Aufgaben notwendig waren, aber auch den Aufenthalt im Gelände ermöglichten.

Für die Stabsfahrzeuge der Waffengattungen, Spezialtruppen und Dienste fand das Stabsfahrzeug Typ 4 und das Stabsfahrzeug Typ 6/1 Verwendung. Auch hier musste das Basisfahrzeug über eine 10-ft ISO-Containerbefestigung verfügen.

Der jeweilige Faltkoffer wurde im »Karosseriewerk Aschersleben, Werk 3, Fahrzeugbau Halle« gefertigt. So auch für das »Stabsfahrzeug des Chef RTA« auf Koffer Typ 4. Im entfalteten Koffer befanden sich elf Arbeitsplätze, drei Arbeitskabinen mit je einem Arbeitstisch, ein Lichtschrank und ein Datenendplatz BRS-81.

Auch Versionen des Lkw ZIL 131 verfügten über Containeranschlüsse für 10-ft ISO-Container, hier in Marschlage.

Chef TLA

Das »Stabsfahrzeug des Chef TLA« auf Koffer Typ 6/1 unterteilte sich in drei Räume. Im linken Raum befanden sich zwei Lichttische mit einem Dienstverbindungsgerät, im mittleren Raum war ein Nachrichtenpunkt mit mehreren Funkgeräten integriert und im rechten Raum wurden zwei Lufttagekarten und ein Fernsehtisch für Fernbildschreiber FB 1010 untergebracht. Zusätzlich konnte in diesem Koffer ein Datenendplatz BRS-81 genutzt werden. Ein Elektroaggregat mit 4 kW war für die Stromversorgung nötig, eine Heiz- und Lüftungsanlage sowie elektrische Heizkörper sorgten für normale Arbeitsbedingungen. Sämtliche Stabsfahrzeuge mit Faltkoffer vom Typ »Halle« waren bei abgesetztem Kofferaufbau eisenbahntransportfähig.

Typ	Koffer Typ 4 und 6/1
Einsatzebene	Division
Basisfahrzeug (zum Beispiel)	ZIL 131
Koffertyp	Halle
Länge gesamt (mm)	7625
Länge Koffer (mm)	4600
Breite (mm)	2760
Breite in Arbeitsstellung (mm)	6100
Höhe (mm)	3710
Höhe Koffer (mm)	1890
Stromversorgung	Elektro-aggregat
Fläche (m²)	25

Auch der Lkw L 60 war mit Aufnahmen für den Koffer-Typ »Halle« ausgerüstet, auf Militärfahrzeugtreffen immer wieder eine Attraktion.

Funkstation R-125

Die Funkstation R-125 auf Spezial-Pkw GAZ 69 fand Verwendung in den Funknetzen der MSD/PD, aber auch in den Funknetzen der MSR, der PR und in Pioniertruppenteilen. Mit der Station konnten Sprech- und Tastfunkverbindungen zwischen den Divisionen und Regimentern unterhalten werden. Es bestand weiterhin die Möglichkeit, Verbindung zum Stab der Armee aufzubauen. Die Funkstation R-125 stellte einen Komplex von Funkmitteln dar, die auf dem Pkw GAZ 69 montiert wurden. Sie gewährleisteten die gleichzeitige Verbindungsaufnahme im KW- und UKW-Bereich aus der Bewegung und aus dem Halt.

Im Bestand der Station befanden sich die Funkstation KW R-104M, zwei Funkstationen UKW R-105D sowie je eine Station UKW R-108D und UKW R-109D. Mit Hilfe einer 4-Meter-Antenne, einem 11-Meter-Teleskopmast, einer

Typ	R-125
Einführungszeitraum	1962
Einsatzebene	Armee, Division
Maximale Reichw. R-104M (km)	30–50
Maximale Leistung R-108D (W)	50
Maximale Leistung R-109D (W)	50
Maximale Leistung R-104M (W)	20
Maximale Leistung R-105D (W)	40
Frequenzbereich R-104M (MHz)	1,5–4,25
Zeit zum Herstellen der Einsatzbereitschaft (min)	5–10
Basisfahrzeug	GAZ 69
Ununterbrochene Arbeit (h)	12
Länge in Marschlage (mm)	3850
Breite in Marschlage (mm)	1850
Höhe in Marschlage (mm)	2030
Masse Gerätefahrzeug (kg)	2145
Bedienung	3
Stromversorgungsgeräte	Akkumulatoren

Langdrahtantenne oder einer Kulikowantenne konnten stabile Verbindungen zwischen 8 und 50 km aufrecht gehalten werden. Die Stromquellen gestatteten eine ununterbrochene Arbeit

Die Funkstation R-125, wie sie in der NVA bis zum Schluss genutzt wurde.

von bis zu zwölf Stunden. Das Laden der Akkumulatoren erfolgte durch einen Generator, der vom Motor des Fahrzeuges angetrieben wurde. Die Funkstationen R-125A und R-125P wurden modifiziert. Die R-125A kam in den Funknetzen der Artillerie und die R-125P in den Funknetzen der Truppenluftabwehr zum Einsatz. Die taktisch-technischen Parameter entsprachen der Funkstation R-125. Lediglich in der Bestückung mit Funkgeräten gab es Unterschiede. Anstatt des Gerätes UKW R-105D war die R-125A mit zwei Funkgeräten UKW R-108D und die R-125P mit zwei Funkgeräten UKW R-109D ausgerüstet. Ab 1963 kamen die verbesserten Funkstationen R-125M, R-125AM und R-125PM in die Einheiten. Die Funkgeräte R-109D, R-108D und R-105D wurden durch die Geräte R-109M, R-108M und R-105M ersetzt.

Weiterhin kam eine symmetrische Dipolantenne in die Ausrüstung. Die Planung sah 1962 für jede MSD fünf Stationen und für jede PD zwei Stationen vor. Insgesamt wurden etwa 310 Stationen für die NVA benötigt.

Typ	R-125M
Einführungszeitraum	1963
Einsatzebene	Armee, Division
Maximale Reichweite R-104M (km)	30–50
Maximale Leistung R-108M (W)	50
Maximale Leistung R-109M (W)	50
Maximale Leistung R-104M (W)	20
Maximale Leistung R-105M (W)	40
Frequenzbereich R-104M (MHz)	1,5–4,25
Zeit zum Herstellen der Einsatzbereitschaft (min)	5–10
Basisfahrzeug	GAZ 69
Ununterbrochene Arbeit (h)	12
Länge in Marschlage (mm)	3850
Breite in Marschlage (mm)	1850
Höhe in Marschlage (mm)	2030
Masse Gerätefahrzeug (kg)	2131
Bedienung	3
Stromversorgungsgeräte	Akkumulatoren

Von außen ließen sich die einzelnen Versionen der R-125 kaum unterscheiden.

Funkgerätesatz R-1125F

Typ	R-1125F
Einführungszeitraum	1976
Einsatzebene	Armee, Division
Maximale Reichweite R-130-03 (km)	350
Maximale Reichweite R-111-02 (km)	60
Maximale Reichweite R-107 (km)	15
Maximale Leistung R-130-03 (W)	12–40
Maximale Leistung R-111-02 (W)	75
Maximale Leistung R-107 (W)	1
Maximale Leistung R-105M (W)	40
Frequenzbereich R-130-03 (MHz)	1,5–10,99
Basisfahrzeug	UAZ 469
Länge in Marschlage (mm)	4100
Breite in Marschlage (mm)	1900
Höhe in Marschlage (mm)	2500
Masse Gerätefahrzeug (kg)	2510
Bedienung	4
Stromversorgungsgeräte	Akkumulatoren

Der Funkgerätesatz (FuGS) KW/UKW R-1125F »Phoebus« wurde in den unterschiedlichsten Waffengattungen der LaSK und den unterstellten Truppenteilen sowie in den GT der DDR zur Sicherstellung der Führung und des Zusammenwirkens zwischen ihnen eingesetzt. Der FuGS löste ab 1976 die Funkstation R-125 in all ihren Versionen ab. Als Basisfahrzeug fand das Spezial-Kfz UAZ 469, produziert in der Sowjetunion, Verwendung. Der funktechnische Teil wurde in der Ungarischen Volksrepublik aufgebaut. Der Einzelpreis belief sich 1976 auf rund 160.000 Mark. Der FuGS war mit je einem KW-Funkgerät R-130-03, einem UKW-Funkgerät R-107 und einem UKW-Funkgerät R-111-02 ausgerüstet. Er konnte damit gleichzeitig in drei Funkrichtungen oder -netzen innerhalb der möglichen Reichweite arbeiten. Die Verbindungsaufnahme erfolgte ohne Suchen der Gegenstelle. Der FuGS war mit vier Arbeitsplätzen ausgestattet.

Die Funkgeräte der R-1125F konnten unmittelbar aus dem Fahrzeug heraus oder über eine Fernbedienung betrieben werden. Weiterhin konnte der FuGS als Relaisstelle zwischen zwei Funkgeräten eingesetzt werden. Um ein gegenseitiges Stören der im FuGS eingebauten Funkgeräte zu verringern, mussten die Funkfrequenzen mit Hilfe von Frequenztabellen festgelegt werden. Zur R-1125F gehörten eine symmetrische Dipol-, eine Schrägdraht-, eine Stab- und eine kombinierte Stabantenne mit Teleskopmast.

Der Funkgerätesatz R-1125F, wie er auch in den Artillerieeinheiten genutzt wurde.

Eine letzte Frage

Wie schon bei den ersten zwei Typenkompassen zur Thematik »Panzertechnik der NVA« sollen auch hier zum Schluss Fragen zu nicht realisierten Plänen und Fragen zu Planungen der Ausrüstung der NVA mit Artillerietechnik nach 1990 beantwortet werden.

Mit Gründung der NVA 1956 wurden für die Gliederung der zwei aufzubauenden Militärbezirke III und V folgende Divisionstypen festgelegt: die Mechanisierte Division, die Infanteriedivision und die Panzerdivision. Entsprechend den Strukturen der Divisionen war eine Vielzahl an Artilleriewaffen nötig, um die Artillerieeinheiten auszustatten. Neben den bereits vorgestellten Waffen kamen folgende nur auf dem Papier zum Einsatz:
- der 160-mm Divisions-Granatwerfer M-160
- die 122-mm Kanone D-74
- der reaktive Werfer BM-14
- die 122-mm SFL SU-122-54

Der 160-mm Granatwerfer sollte ursprünglich zur Divisionsartillerie der Mechanisierten Division und der Infanteriedivision, später der mot. Schützendivision, gehören. Im AR der MD und der ID befand sich eine 160-mm GW-Abteilung mit 13, im AR der MSD eine 160-mm GW-Abteilung mit 19 Granatwerfern. Auszug aus einem »Bericht über die Besichtigung der Waffen und des technischen Gerätes für die Artillerie am 30.08.1956 in der Akademie Moskau«: *Der Granatwerfer ist besonders fest in der Stellung einzubauen. Gleichzeitig wird das Fahrgestell durch zwei Erdanker befestigt. Bedienung sieben Mann, drei Schuss pro Minute, Länge 4500 mm, Breite 2850 mm, Gewicht 1300 kg. Die Hauptteile sind das Rohr, die Stützplatte, das Laufwerk und das Visier MP-46. Die Dauer des Schussfertigmachens beträgt 6 Minuten. Als Zugmittel dient der Lkw GAZ 63 mit 45 km/h Höchstgeschwindigkeit im Zug. Geschossen wird mit dem Werfer auf 7000 bis maximal 8000 m.*

Es gab nur einen Hinweis auf die 122-mm Kanone D-74. Im »Verzeichnis der Bewaffnung und Ausrüstung der NVA« Abschnitt I aus dem Jahr 1960 wurde unter dem Kennzeichen »I Ar 07 019« die 122-mm Kanone D-74 aufgeführt. Im Abschnitt II des gleichen Verzeichnisses wurde der »Kampfsatz für 122-mm Kanone D-74« aufgelistet. Die Schussentfernung lag bei etwa 15.800 m, eine gut ausgebildete Besatzung feuerte sechs bis sieben Schuss in der Minute ab.

Der 160-mm Granatwerfer M-160 in Gefechtslage.

Die 122-mm Kanone D-74 in Gefechtslage.

Im Importplan 1956 bis 1960 sind folgende Zahlen zum »Salvengeschütz M-14« enthalten: Gesamtmenge 89 Werfer, davon sollten 1956 erst 57 und 1957 nochmal 32 Geschütze geliefert werden. Die Struktur einer Mechanisierten Division beinhaltete eine reaktive Werfer-Abteilung mit drei Werfer-Batterien zu je 14 Fahrzeugen. Der Geschosswerfer BM-14 wurde in zwei Versionen gebaut, dem BM-14-16 und BM-14-17. Die Ziffern 16 bzw. 17 geben die Anzahl der Rohre im Rohrpaket an. Als Basis des BM-14-16 diente der Lkw SIS 151, beim BM-14-17 der GAZ 63A. Beide Lkw-Typen wurden in der NVA genutzt, beide Werfer verwendeten die gleiche Munition. Die maximale Schussweite lag bei rund 9000 m.

In den ersten Gliederungen der NVA, in den Mechanisierten Divisionen und in den Infanteriedivisionen, waren 122-mm SFL-Batterien vorgesehen. Im »Importplan für den Zeitraum 1956 bis 1960« ist ein Gesamtbestand von 25 als SU-122 (SFL-122) bezeichneten Waffen die Rede. Sie sollten bereits 1956 geliefert werden. Basierend auf dem Fahrgestell des mittleren Panzers T 54 begann im Juni 1949 die Entwicklung der 122-mm SFL SU-122, Objekt

Das »Salvengeschütz M-14« mit SIS 151 und mit GAZ 63A als Fahrwerk.

600. Um Verwechslungen mit bereits vorhandenen 122-mm SFL zu vermeiden, wurde die Bezeichnung auf SU-122-54 erweitert. Produziert von 1952 bis 1956, wurden nur 100 Fahrzeuge gebaut. Mit dem Befehl 99/56 des MfNV zur Schaffung von MSD statt MD und ID fielen diese Waffen zu Gunsten von mittleren Panzern weg. Schade!

Ein weiterer Exot war die 130-mm Flak KS-30. Die wichtigsten Eckdaten waren: Geschossgewicht der Splittergranate 33,4 kg, Anfangsge-schwindigkeit 970 m/s und maximale Schusshöhe 21.000 m und 17.500 m Schussweite, Schussfolge 12 bis 14 Schuss/min, Gewicht 23 Tonnen, Bedienung 11 Mann. Die NVA sollte die ersten beiden Geschütze 1957 zusammen mit einer Geschützrichtstation SON-30, 1985 Splittergranaten und 40 Panzergranaten erhalten. Im gleichen Jahr wurde das Geschütz aus sämtlichen Importplanungen gestrichen. Die wissenschaftlich-technische Entwicklung hatte dieses Waffensystem bereits überholt, das Raketenzeitalter war längst angebrochen.

In wenigen Stückzahlen gebaut, steht heute noch ein Exemplar der SU-122-54 im Panzermuseum »KUBINKA«.

Bestellt war sie schon, die 130-mm Flak KS-30.

Das für die Beschaffung neuer PT mitverantwortliche Gremium im Warschauer Vertrag war der Militärisch Wissenschaftlich-Technische Rat (MWTR). Für die Ausrüstung bis 1995 war die 37. Tagung im April 1988 in Budapest von großer Bedeutung. Hier in Stichpunkten die wichtigsten Maßnahmen in Bezug auf Artilleriewaffen:

Bei der Artillerie ist vorgesehen, den Austausch veralteter Artilleriesysteme der Kaliber 76 bis 100 mm durch Geschütze der Kaliber 122 bis 152 mm und die Einführung moderner Panzerabwehrmittel fortzusetzen. In den Verbänden und Truppenteilen ist mit dem Austausch der Haubitzen D-20 und ML-20 durch moderne 152-mm Haubitzen »MSTA-B« sowie mit der Einführung der neuen Geschosswerfer »URA-GAN«, »GRAD-I« (VRB) und »PRIMA« zu beginnen. Die Umrüstung der Artillerieregimenter der MSD und PD auf 152-mm Geschütze als Ersatz für die 122-mm Geschütze ist fortzusetzen. Die Umrüstung der Artillerieabteilungen der mot. Schützen- und Panzerregimenter auf die 122-mm SFL-Haubitze »GWOZDIKA« sowie der Granatwerferbatterien der mot. Schützenbataillone auf die selbstfahrenden 120-mm Granatwerfer »PRAM-S« und »TUNDSHA« sowie auf die verlastbaren 120-mm Granatwerfer »SANI« und »PRAM-L« ist fortzusetzen. Zur Verstärkung der Panzerbekämpfung, insbesondere in der Verteidigung ist mit dem Beginn der Auffüllung der Panzerjägerregimenter mit 125-mm Panzerabwehrkanonen »SPRUT« zu beginnen.

So sollte die Zukunft aussehen, die 152-mm Haubitze »MSTA-B«.

Durch den Stellvertreter des Ministers und Chef Technik und Bewaffnung wurde im November 1989 eine »Analyse der Altersstruktur von ausgewählter Kampftechnik, Bewaffnung und Ausrüstung« und, daraus abgeleitet, Aufgaben zur Aufrechterhaltung der Einsatzbereitschaft vorgelegt.

Besonders ungünstig war die Altersstruktur bei jener Militärtechnik, die sich über 20 Jahre in der Nutzung befand. Das betraf:

- 100 % der 122-mm Haubitzen M-30, der 82-mm Granatwerfer 37/41 und 120-mm Granatwerfer 43,
- 65 % der 130-mm Kanonen M-46 und
- 45 % der 122-mm Geschosswerfer BM-21.

Zwei Drittel des Bestandes an 23-mm Fla-SFL »SHILKA« waren älter als 16 Jahre.

Die tatsächlichen Pläne sahen sehr viel bescheidener aus. Die Einheiten, die mit der 122-mm SFL-Haubitze 2S1 ausgerüstet waren, sollten komplett bis 1995 mit dem Führungskomplex für die Feuerleitung 1W12-1 »MASCHINA« ausgerüstet werden. Lediglich die 120-mm GW-SFL »TUNDSHA«, vorgesehen zur Einführung ab 1988, war als völlig neues Waffensystem vorgesehen. Die Aufnahme von endphasengelenkter Munition für die 152-mm Haubitze D-20 und die 152-mm SFL-Haubitze 2S3M wurde Mitte 1989 als unumgänglich bewertet. Die SU stellte bereits im April 1989 das lasergelenkte 152-mm Geschoss »KRASNOPOL« vor. Unter Berücksichtigung des eigenen Bedarfs (auch des möglichen Exportes) und der zu erwartenden Beschaffungskosten sollte die Möglichkeit einer eigenen Produktion dieses Geschosses geprüft werden. Für die Entwicklung des Laser-Zielsuchlenkkopfes sollte der VEB Carl Zeiss Jena gewonnen werden.

Die Startrampe 9P140 gehörte zum Geschosswerfersystem »URAGAN«.

127 ◾

Militärgeschichte kompakt